普通高等教育测控技术与仪器专业系列教材

测控技术与仪器专业概论

钱　政　宋　晴　陈　玉　编著
丁天怀　陈祥光　　　　主审

机械工业出版社

本书共 4 章，主要内容包括：测控技术与仪器概述，介绍了测控技术与仪器的基本概念、内涵与外延以及历史与现状；测控技术与仪器专业的知识体系，介绍了该专业的知识结构和课程体系构成，相关核心课程的概述；测控技术与仪器专业的创新与实践能力培养，介绍了相关培养措施、竞赛平台等；测控技术与仪器的应用，介绍了测控技术与仪器在科学发展、工程技术以及日常生活中的广泛应用。

本书可作为高等院校测控技术与仪器专业概论课程的教材，也可作为社会大众认识和了解测控技术与仪器专业的参考书。

本书配有电子课件，欢迎选用本书作教材的教师发邮件到 jinacmp@163.com 索取，或登录 www.cmpedu.com 注册下载。

图书在版编目（CIP）数据

测控技术与仪器专业概论 / 钱政，宋晴，陈玉编著.
—北京：机械工业出版社，2020.12（2024.7 重印）
普通高等教育测控技术与仪器专业系列教材
ISBN 978-7-111-66904-3

Ⅰ.①测…　Ⅱ.①钱…　②宋…　③陈…　Ⅲ.①测量系统—控制系统—高等学校—教材②电子测量设备—高等学校—教材　Ⅳ.①TM93

中国版本图书馆 CIP 数据核字（2020）第 220108 号

机械工业出版社（北京市百万庄大街 22 号　邮政编码 100037）
策划编辑：吉　玲　责任编辑：吉　玲　刘　静
责任校对：张　征　封面设计：张　静
责任印制：郜　敏
北京富资园科技发展有限公司印刷
2024 年 7 月第 1 版第 5 次印刷
184mm×260mm · 11 印张 · 265 千字
标准书号：ISBN 978-7-111-66904-3
定价：29.80 元

电话服务　　　　　　　　网络服务
客服电话：010-88361066　机 工 官 网：www.cmpbook.com
　　　　　010-88379833　机 工 官 博：weibo.com/cmp1952
　　　　　010-68326294　金 书 网：www.golden-book.com
封底无防伪标均为盗版　机工教育服务网：www.cmpedu.com

序

　　科学技术发展是推动人类文明进步的原动力。在我们惊叹于物理学、化学等基础科学所取得的突破时，可能不会想到仪器在其中发挥的重要作用；在我们享受着高铁、手机、自动设备等带来的生活方式变革时，也难以看到仪器默默奉献的身影。仪器是认识世界的工具，望远镜使人类感受到宇宙的浩瀚，显微镜让人类认识到微观世界的深邃。人类科学技术史上的重大突破和创新，往往是以仪器的研制与应用为基础的，仪器是助力科学技术发展的"隐形翅膀"。

　　本书从测试、测量、仪器等基本概念入手，从科学发展、工程技术和日常生活三个角度展示了仪器科学所发挥的重要作用，用通俗易懂的语言回答了"仪器到底是什么"，并结合实际案例进行有针对性的讨论，帮助学生准确理解和把握测控技术与仪器专业的内涵与外延，了解专业知识体系和能力构成特色，确立个人事业发展目标，为未来的精彩人生打下坚实的基础。

　　本书编者来自北京航空航天大学、北京邮电大学和西安交通大学，他们长期从事测控技术与仪器领域的教学科研工作，对仪器基础理论和应用实践有深刻的理解，对专业人才培养体系和学生创新能力提升也有独到的见解，他们深厚的积淀为本书成稿打下了坚实的基础。

　　期望本书能为读者打开仪器科学的大门，邀您步入仪器的殿堂，认识仪器，热爱仪器。

前　　言

每个新生在进入大学伊始，最急迫的事情就是希望通过导论类课程对所选择的专业有更加全面和深入的了解。这有助于激发学生对专业的热爱，从而对大学阶段的学习与职业规划起到重要的引导作用。相较于其他工科专业，测控技术与仪器专业的导论课程更加有意义和价值，因为单从专业名称来看，很难清晰地辨识专业的内涵、特色与重要作用。这就对我们提出了挑战，如何帮助学生了解和热爱专业，进而在此基础上树立大学阶段的学习目标和个人事业的发展目标，成为导论类课程必须面对而且要准确回答的问题。

本书共4章。第1章对测控技术与仪器进行概述，旨在通过通俗易懂的语言，对其基本概念、内涵与外延、历史与现状等问题进行介绍，使学生能够对专业的基本情况和历史发展脉络有所了解。接下来，考虑到学生对专业知识结构和体系认知的迫切需求，第2章参照教育部颁布的仪器类教学质量国家标准，从知识体系概述，到通识类课程、学科基础课程，再到专业课程，密切结合学生的培养过程，循序渐进地进行介绍，有助于学生把握大学期间每个阶段的学习重点，合理规划大学的学习和生活。针对专业实践性强的特点，第3章介绍了大学生创新与实践能力培养，从测控技术与仪器专业的创新精神，再到具体培养举措，直至最终的展示平台和大学生创新实践案例，旨在激励学生尽早开展创新实践活动，全面提升实践与创新能力。通过前3章的介绍，学生对专业的基本概况和知识体系框架会有自己的认识，随后本书将介绍重点转向测控技术与仪器的应用，第4章介绍了专业在科学发展中的支撑作用、在工程技术中的广泛应用、在日常生活中的实际作用，有助于学生更加具象地认识专业的内涵，对于学生更加全面理解专业的知识体系和培养目标也具有很好的支撑作用。

通过本书的介绍，一方面，期望能够帮助学生全面了解测控技术与仪器专业，使其有拨云见日般的感悟，知道该专业是什么，从哪里来，到哪里去，能干什么；另一方面，也期望能够让学生意识到，作为学科交叉特色显著专业的学生，在多学科融合的知识体系和创新实践能力的全面浸润下，他们学成后是能够迎接来自各方面的挑战，全面胜任未来工程师的综合要求的。

本书由北京航空航天大学的钱政、北京邮电大学的宋晴和西安交通大学的陈玉编写。具体分工如下：钱政负责第1章、第2章2.1节和第4章的编写，宋晴负责第2章2.2～2.5节的编写，陈玉负责第3章的编写，全书由钱政负责统稿。很荣幸地邀请到教育部高等学校仪器类专业教学指导委员会主任委员——天津大学的曾周末教授为本书作序，并特邀清华大学的丁天怀教授和北京理工大学的陈祥光教授进行审稿，在此表示衷心的感谢。

在编写本书的过程中，编者参考了大量公开发表的文献资料，在此对这些文献资料的作者表示诚挚的感谢。由于编者水平有限，书中难免存在欠妥之处，敬请读者批评指正。

编　者

目　　录

第1章　测控技术与仪器概述

导读

基本内容：

本章是本书最基础的章节，对了解测控技术与仪器的基本概念，以及在此基础上了解全书内容有重要帮助。

本章主要内容包括：

1. 测控技术与仪器的基本概念：测控技术与仪器的关键词包括"测""控"与"仪器"，因此首先阐述测试、测量与计量的定义与区别；之后对控制理论与控制工程的概念进行介绍，最终落脚点是仪器与仪表的概念，要能够区分两者之间的联系与区别。

2. 测控技术与仪器的内涵与外延：首先解释"专业"和"学科"的区别及联系，然后分别介绍仪器科学与技术涉及的主干学科，以及其能支撑的相关学科，旨在让学生了解本学科与其他学科之间的联系。

3. 测控技术与仪器的历史与现状：了解测控技术与仪器的发展历史及发展趋势，以及测控技术与仪器专业的历史沿革，对于体会专业地位以及了解专业现状具有重要的指引作用，有助于学生客观全面地规划自己的职业发展方向。

学习要点：

掌握测控技术与仪器相关的基本概念，能够区分测试、测量、计量、仪器及仪表等概念的不同。进而了解测控技术与仪器的发展历史、现状与发展趋势，并对测控技术与仪器专业的历史沿革有所了解，这些有助于学生准确把握测控技术与仪器专业的内涵与外延，为其将来的人生规划奠定坚实基础。

1.1　测控技术与仪器的基本概念

1.1.1　测试、测量与计量

测控技术与仪器的第一个关键词是"测"，延伸开来有"测试"与"测量"两种可能。那么这两个词的含义是什么？在测量或测试的过程中，经常会遇到"计量"这个词，那么计量的基本定义是什么？其与测量和测试间是什么样的关系呢？

1. 测量的基本定义

测量是"测"和"量"两个字的组合。对于"测"，《说文解字》的解释是：深所至也。清代段玉裁的《说文解字注》进一步延伸了"测"的含义：深所至谓之测，度其深所至亦谓之测。可见"测"有了"度"的含义。在 JJF1001—2011《通用计量术语及定义》中，将量定义为"现象、物体或物质的特性，其大小可用一个数和一个参照对象表示"。自然界的一切事物不仅都是由一定的"量"组成的，而且是通过相应的"量"来体现的。因此要认识、利用和改造自然，就必须对各种量进行分析和确认，既要分清量的性质，又要确定量的数值，这就是测量。

在《通用计量术语及定义》中，测量被定义为"通过实验获得并可合理赋予某量一个或多个量值的过程"。也就是说，测量就是借助于仪器设备，用某一计量单位的标准量把被测量定量地表示出来，确定被测量是计量单位的多少倍或几分之几。测量的基本要素包括标准量、被测量及操作者。因此，测量的结果是一组数据及其相应的单位，必要时还要给出测量所用的仪器或量具、测量方法和测量条件等。也就是说，完整的测量过程应当包括测量单位、被测量、测量方法（包括测量器具）和测量精度四个部分。

1）测量单位。测量单位简称单位，是以定量表示同种量的数值而约定采用的特定量。国家标准规定采用以国际单位制（SI）为基础的"法定计量单位制"。

2）被测量。被测量是指拟测量的量，由于被测量种类繁多、特征各异，因此应对其特性、被测参数的定义以及标准等进行深入分析，以便确定相应的测量方法。

3）测量方法。测量方法是指对测量过程中使用的操作所给出的逻辑性安排的一般性描述。可广义地理解为测量原理、测量器具（亦称计量器具）和测量条件（环境和操作者）的总和。

4）测量精度。测量精度是指测量结果与真值之间的一致程度。由于任何测量过程不可避免地存在着测量误差，误差大说明测量结果偏离真值远、准确度低。由于存在测量误差，任何测量结果都是通过一定程度的近似值来表示的。

2．测试的基本定义

测试是"测"和"试"的组合。对于"测"的理解，一种就是前面讲到的"度"，还有一种就是"测量"的简称；而对于"试"，普遍的理解就是"试验"。因此将两个字组合起来，测试就是具有试验研究性质的测量。

围绕测试的定义，还应当明确"试验"和"实验"的区别。两个词均有"验"，因此都含有检验、验证的意思，不同之处在于一个是"试"，一个是"实"。对于"试"，《庄子·说剑》中有"臣有三剑……请先言而后试"，试的意思就是"尝试"。对于"实"，《国语·晋语》中有："吾有卿之名而无其实"，实的意思就是实际、事实。因此"试验"的含义是：尝试性质的检验，也就是在前人研究某个问题的过程中，没有得到结论（或结论没有得到大多数人认可）的情况下，通过试验对这个问题做进一步的研究。而"实验"的含义则是：面临的是前人已经试验过的，基本是成为真理的问题，再做的时候是重复过程。实验的目的是更形象地学习知识，强调的是通过实际验证的这个动手过程，加深对问题的理解和掌握。当然，随着时代变迁，两个词之间的界限愈加模糊，《辞海》中已将两词等效，对实验一词的解释就是，亦称"试验"。即：根据一定目的，运用必要的手段，在人为控制的条件下，观察研究事物的实践活动。不过我们还是应当准确把握这两个词之间的区别和联系，这对于测控技术与仪器专业的学生来讲，有助于更全面和深刻地理解后面的相关内容。

概括来讲，测试的主要含义如下：

1）测试的目的是解决科研和生产中遇到的实际问题。

2）测试具有探索性，是试验研究的过程。

3）测试的本质是测量，是要得到数据。

4）测试的范围十分广泛，包括定量测定、定性分析等，可以是单项测试，也可以是综合测试。

3．计量的基本定义

在历史上计量曾经一度被称为"度量衡"，其原始含义是关于长度、容积和质量的准确测量，所使用的主要器具是尺、斗和秤。随着科学技术的进步，尽管"度量衡"的概念和内容在不断变化和充实，但仍难以摆脱历史遗留的痕迹及其局限性，难以适应科技、经济和社会发展的需要。于是从 20 世纪 50 年代开始，我国逐渐以"计量"取代了"度量衡"。可以说"计量"就是"度量衡"的发展，因此也有人称计量为"现代度量衡"。

在 JJF1001—2011《通用计量术语及定义》中，将"计量"定义为"实现单位统一、量值准确可靠的活动"。需要引起注意的是定义中的对象主体是"活动"而非"测量"，这就不难理解为何唯有计量部门从事的测量才被称作"计量"，因为计量部门从事的测量是"实现单位统一、量值准确可靠的活动"。计量为天文、气象、测绘等部门所从事的测量提供了实现单位的统一、量值准确可靠的基本保证，而这是这些部门自身的测量活动无法做到的。

计量是实现单位统一、保障量值准确可靠的活动。不论测量的不确定度如何，也不论测量是在哪个领域中进行的，计量学涵盖的是测量理论和实践的各个方面，是关于测量的一门科学。为了经济而有效地满足社会对测量的需要，应当从法制、技术和管理的整个方面开展计量管理工作。计量的特点主要包括以下几个方面：

1）准确性。准确性是计量的基本特点，表征了测量结果与被测量真值间的接近程度。就是说计量不仅应明确给出被测量的具体数值，而且还应给出该数值的不确定度，即准确的程度，更严格地说还应注明影响计量结果的数值或范围。否则计量结果便不具备充分的社会实用价值。

2）一致性。计量单位的统一是数值一致的重要前提。无论在任何时间、地点，采用任何方法、使用任何器具及任何人进行计量，只要符合有关计量要求，计量结果就应在给定的不确定度之内取得一致，否则计量将失去其社会意义。计量的一致性不仅限于国内，也适用于国际。

3）溯源性。实际工作中为了使计量结果准确一致，所有的同种数值都必须由同一个计量基准或原始标准传递得出，这就是计量的可溯源性。"溯源"的意义就是使计量的"准确"和"一致"得到技术保证。就一国而论，所有的数值都应溯源于国家计量基准；就国际而言，则应溯源于国际计量基准或约定的计量标准。否则一旦数值出于多源，不仅无准确性或一致性可言，而且还势必造成技术和应用中的混乱局面，以致酿成严重的后果。

4）法制性。计量本身的社会性就要求有一定的法制保障。也就是说数值的准确一致，不仅要有一定的技术手段，而且还要有相应的法律、法规的行政管理与约束，特别是那些对国计民生有明显影响的计量，例如社会安全、医疗保健、环境保护以及贸易结算中的计量，就必须具有法制保障，否则数值的准确或一致就不能实现，计量的作用也就无法发挥出来。

4．测试、测量和计量三者间的关系

综上所述，计量是开展测量或测试工作的基础，是研究测量的科学，是所有科学赖以生存与发展的支柱。计量学始终利用最尖端的前沿科学技术，复现计量单位，进而建立计量标准，同时又是支持其他科学发展的技术基础。因此说"科技要发展，计量须先行"，离开计量将寸步难行，这就是从古至今计量始终受到高度重视的原因。计量学是如此迷人，其发展和提高始终是各国科学家孜孜不倦、永远追求的目标。很少有其他学科能够像计量学那样，可

以指导相关领域科学技术的发展。更很少有其他学科领域能像计量学那样，在漫长的发展历史中持续不断地追求与改进，并以更好的科技手段满足最新的测量需求。

测量是借助仪器设备，用某一计量单位的标准量把被测量定量地表示出来的过程。凡是能够做到准确定量的实验都属于测量活动。只是为了定性确定某对象的物理或化学属性的实验活动，则一般不宜称为测量。例如在化学实验室用分析滤纸观察溶液的化学反应以确定溶液的酸碱性等化学性能，通常只能称为定性的化学实验，而不应称为化学测量。测试是带有试验研究性质的测量，既可以包括定性的分析，也能够涵盖定量的测定。因此，测量和测试之间的关系可以概括为：测试是测量的先导，测量则是测试的成果。总之，无论测量还是测试，都是人类揭示自然界物质的运动规律、描述物质世界的重要手段。

1.1.2　控制理论与控制工程

测控技术与仪器的第二个关键词是"控"，就是"控制"的意思。在科技领域，控制是指对系统进行调节以克服系统的不确定性，使之达到所需要状态的活动和过程。控制思想的存在至少有数千年的历史，而控制概念则反映出人们对征服自然的渴望，因此"控制"是人类改造自然、利用自然的重要内容和进步的标志。

1.　发展简史

在控制思想发展的原始阶段，开环自动调节系统和具有反馈控制原理的控制装置都得到了一定程度的发展与应用。开环自动调节系统的代表就是大约 2000 年前我国发明的指南车，它基于差速齿轮原理，利用齿轮传动系统由车上木人指示方向。不论车子转向何方，木人的手始终指向南方，"车虽回运而手常指南"。而体现反馈控制思想的典型代表则属古代的计时器"水钟"（在中国叫作"刻漏"，也叫"漏壶"）。考古证据表明，古巴比伦和古埃及早在公元前 1500 年以前就已经使用水钟计时。约在公元前 3 世纪中叶，亚历山大里亚城的斯提西比乌斯首先在受水壶中使用了浮子，这种节制方式就含有了负反馈的思想。约在公元前 500 年，我国就在军队中利用"漏壶"作为计时装置。约在公元 120 年左右，东汉科学家张衡提出了用补偿壶解决随水头降低计时不准确的精妙方法。北宋时期，苏颂等于 1086 年—1090 年在开封建成"水运仪象台"，能够准确跟踪天体的运行。水运仪象台的动力装置中利用了"从定水位漏壶中流出的水，并由擒纵器（天关、天锁）加以控制"的思想。虽然早期的控制系统没有明确提出"控制"的思想和含义，但是在设计及应用过程中都体现出了"控制"的基本思想，且随着控制系统日渐复杂，面临的系统建模、稳定性分析等问题日益突出。

对于控制系统稳定性的研究掀起了控制理论研究的先河。牛顿可能是第一个关注动态系统稳定性的人，他在《自然哲学之数学原理》中率先对围绕引力中心做圆周运动的质点进行了研究。之后，拉格朗日和拉普拉斯等科学家不断努力以试图证明太阳系的稳定性。麦克斯韦是第一位利用特征方程的系数来判断系统稳定性的人，也是第一个对反馈控制系统的稳定性进行系统分析并发表论文的人。麦克斯韦在 1868 年发表《论调节器》的论文，对瓦特蒸汽机的调速器建立起线性常微分方程，提出了简单的稳定性代数判据，开辟了用数学方法研究控制系统的全新领域。1928 年，美国科学家布莱克提出负反馈放大器的概念并对其进行了数学分析，负反馈放大器的振荡问题给其实用化带来了难以克服的困难。1932 年，美国科学家奈奎斯特提出了在频域内研究系统的频率响应法，建立起以频率特性为基础的稳定性判据。之后，伯德和尼科尔斯在 20 世纪 30 年代末和 20 世纪 40 年代初进一步将频率响应法加以发展，形成了经典控制理论的频域分析法。1942 年，哈里斯引入传递函数的概念，用方框图、环节、输入和输出等信息传输的概念来描述系统的性能和关系，这种描述形式更具有普遍意义。1948 年，控制论的奠基人美国数学家维纳的《控制论》的出版，标志着控制论的正式诞生。书中论述了控制理论的一般方法，推广了反馈的概念，为控制理论这门学科奠定了基础。同年，美国科学家伊万斯创立了根轨迹分析方法，为分析系统性能随系统参数变化的规律性提供了有力工具。我国著名科学家钱学森则率先将控制理论应用于工程实践，于 1954 年出版了《工程控制论》，奠定了控制工程的发展基础。由此，以传递函数作为描述系统的数学模型，以时域分析法、根轨迹法和频域分析法为主要分析设计工具，构成了经典控制理论的基本框架，为工程技术人员提供了设计反馈控制系统的有效工具。

　　20 世纪 50 年代中期，随着科学技术及生产力的发展，迫切要求解决更复杂的多变量系统、非线性系统的最优控制问题。实践的需求推动了控制理论的进步，而计算机技术的发展则从计算手段上为控制理论的发展提供了应用平台，促使控制理论由经典控制理论向现代控制理论转变。1956 年，美国数学家贝尔曼和苏联科学家庞特里亚金分别提出了动态规划法和极大值原理，为解决最优控制问题提供了理论工具；1959 年，美国数学家卡尔曼等人提出了著名的卡尔曼滤波器，在控制系统的研究中成功地应用了状态空间法，提出系统的能控性和能观测性问题；到 20 世纪 60 年代初，以状态方程描述系统，以最优控制和卡尔曼滤波为核心的控制系统分析、设计的新原理和方法基本确定，现代控制理论应运而生。之后，随着自适应控制、鲁棒控制、模糊控制、智能控制等一系列新问题的出现，以及泛函分析、现代代数等新的数学方法的诞生与应用，现代控制理论在不断丰富和发展。概括来讲，现代控制理论就是建立在状态空间法基础上的一种控制理论，它对控制系统的分析和设计主要是通过对系统状态变量的描述来进行的，基本方法是时间域方法。与经典控制理论相比，现代控制理论能处理的控制问题要广泛得多，所采用的方法和算法也更适合于在计算机上进行。

　　在介绍控制理论发展简史的过程中，不可避免地出现了大量的专业性词汇。建议在学习过程中，通过适当阅读一些课外书籍或者资料来把握这些专业词汇的物理意义，是什么性质的问题？为什么解决这些问题才能推动科学技术的发展？只有这样，才能够对控制理论的发展脉络有更准确的理解。

　　2．两个关系

　　（1）测量与控制的关系　　前面分别介绍了测量和控制的基本含义，那么两者间的关系是什么？将两者结合起来组成"测控"这个词，又有什么新的含义呢？

　　简单来讲，测量是为了确定被测量的量值大小而进行的实验过程，那么测量的目的就是准确获得被测量的信息，为进一步深入了解被测量奠定基础。控制则是通过对系统的调节使之达到需要状态的过程。可以看出，控制是调节系统状态的过程，那么必须提炼出若干表征系统状态的被测量，通过对被测量的准确测量，才能够进行控制并且评价控制的效果。随着科学技术的进步，自动化仪器仪表或自动控制装置逐步代替人来对仪器设备或工业生产过程进行控制，出现了自动控制的概念。

　　美国数学家香农于 1948 年发表的论文"A Mathematical Theory of Communication"（通信的数学理论）是现代信息论研究的开端，因此可以从信息流动的角度来把握测量与控制之间的关系。一个完整的信息流动过程如图 1-1 所示，包括信息的感知、信息的传输、信息的处理及信息的应用四个部分。

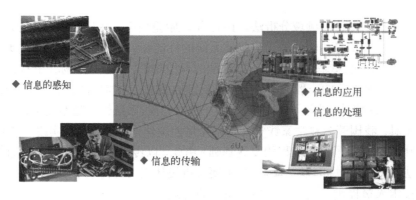

◆ 信息的感知

◆ 信息的应用

◆ 信息的处理

◆ 信息的传输

图 1-1　信息流动过程

从图中可以看出，测量位于信息流动的最前端，起到信息感知作用；而控制则体现在信息流动的末端，包括处理和应用两部分。因此，测量和控制所处的位置和作用不同，两者之间有区别，但更多的是紧密相连，从而诞生出"测控"的概念。所谓"测控"，就是既有测量又有控制，依据被控对象被控参数的测量结果，按照人们预期的目标对被控对象实施控制的过程。与"测控"相连的词通常是"系统"或"技术"，随着科学技术的迅猛发展，各种类型的测控系统如雨后春笋般涌现，这也从一个侧面彰显出"测控技术与仪器"是一个应用领域非常广泛的专业，在基础研究、工程实践、日常生活等领域中发挥着重要作用。

事实上，所有自动控制系统都需要准确的测量作为支撑，没有测量的控制系统就是"无源之水、无本之木"；而控制是测量的一个目标，但不是唯一的目标，测量最根本的目标是帮助人们深入了解客观世界。所以近代实验科学的先驱者伽利略曾经说过"一切推理都必须从观察与实验中得来"，元素周期表的发现者俄国化学家门捷列夫则认为"科学是从测量开始的"，都充分说明了测量是科学研究的基础，是人类认识客观世界的重要手段。

（2）控制理论、控制技术与控制工程的关系　在解释控制理论、控制技术与控制工程的关系之前，首先要明确科学、技术与工程这三个词的定义与关系。

科学是运用范畴、定理、定律等思维形式反映现实世界各种现象本质和规律的知识体系，技术泛指根据生产实践经验和自然科学原理而发展成的各种工艺操作方法与技能，工程则是人类有组织地综合运用多门科学、技术进行的大规模改造世界的活动。科学与技术之间的关系非常清晰，可以概括为"科学是技术的基础，技术是科学研究的手段"。科学与工程之间也有着明确的界限，简要概括为"工程建立在科学之上，科学又寓于工程之中"。但是技术与工程间的关系却常常被人混淆，从两者的定义可以看出，工程是有组织的活动，是一个系统；技术是一个手段，是系统的一个要素。一句话概括三者的特点：科学是知识体系，技术是以知识为基础的手段，工程则是有目的、有组织地改造世界的活动。

明确了科学、技术与工程之间的关系之后，才能够对控制理论、控制技术与控制工程的含义有所了解和把握。

简单说来，控制理论亦称自动控制理论，是研究自动控制共同规律的科学，因此属科学范畴。根据控制理论的发展历史可将其分为经典控制理论和现代控制理论两个阶段。经典控制理论是建立在传递函数基础上的控制理论，20 世纪 50 年代初发展为成熟的理论体系；现代控制理论则是建立在状态空间法基础上的控制理论，是能够分析和处理多种复杂问题的控制理论。控制技术则是指为了使被控对象按照希望的规律运行所采用的手段和方法。其发展历史早于控制理论的发展历史，前面讲到的"水钟""指南车""水运仪象台"等装置都可以归于控制技术的应用。控制工程旨在解决自动控制系统的工程实现问题，是综合运用控制理论及技术，以满足和实现现代工业、农业以及其他社会经济等领域日益增长的自动化、智能化需求为目标的重要工程领域。

综上所述，控制理论、控制技术和控制工程的关系就是科学、技术与工程关系的一种体现。这其中控制技术最早出现，人类一些最朴素的思想推动了控制技术的发展与应用，而在控制技术的发展过程中不断涌现出新的问题，促进了控制理论的诞生及发展。随着第一、二次工业革命的深入发展，控制工程在工业、军事等领域得到了成功应用。之后，三者之间是水乳交融的发展关系，实际应用时发现的新问题促进新理论的发展，新理论的应用又不断涌现出新的问题，三者之间相辅相成，形成了控制科学与技术蓬勃发展的局面。

1.1.3　仪器与仪表

1. 仪器和仪表的关系

测控技术与仪器中最后一个关键词是"仪器"，因为仪器和仪表经常在一起出现，所以下面先对仪器、仪表的概念进行介绍。

从字面意思上看，我国第一部分析字形的字典《说文解字》中对"仪"的定义是"仪，度也"，本意是准则、标准和典范的意思；而"器"的定义是"器，皿也"，就是工具的意思。两者结合起来可以理解为"建立标准的工具"的意思，充分说明了仪器在人类文明发展中的重要地位。概括说来，仪器就是人类认识物质世界的工具，是人类用来对物质（自然界）实体及其属性进行观察、监视、测定、验证、记录、传输、变换、显示、分析处理与控制的各种器具与系统的总称。而仪表通常是指用于测量各种自然量（如压力、温度、湿度、电压、电流等）的一种仪器，因此其内涵一般小于仪器。但是应当看到，两者的界限本来就不是非常清晰，现在人们已经习惯将仪器、仪表统称为仪器仪表或者简称为仪器。

从国家标准上看，在 JJF1001—2011《通用计量术语及定义》中，定义测量仪器为"单独或与一个或多个辅助设备组合，用于进行测量的装置"；测量系统的定义则为"一套组装的并适用于特定量在规定区间内给出测得值信息的一台或多台测量仪器，通常还包括其他装置，诸如试剂和电源"。可见，测量系统的内涵要大于测量仪器。不过，通常情况下并不严格区分测量仪器和测量系统，而将两者趋同。进一步讲，按照汉语的使用习惯，亦可将测量仪器简称为仪器或仪表（尤其带有刻度盘和指示针的测量装置），或者统称为仪器仪表。

综上所述，严格意义上讲，仪器与仪表、测量仪器与测量系统等概念的含义都是有区别的，但是随着科学技术的进步与发展，这些概念也在不断丰富和完善，因此实际使用时已经很少再严格区分这些概念间的差别了，而将其统称为仪器仪表。

2. 仪器仪表的地位和作用

马克思曾经说过，制造和使用工具，是区分任何动物的根本标志。"工欲善其事，必先利其器"，在人类社会发展的历史长河中，正是由于创造、制作和使用了各类仪器仪表，人类的感觉、思维和体能器官才能够得以延伸，从而使得人类具有更强的感知和操作工具的能力来面对客观物质世界，为人类社会的发展做出了不可磨灭的贡献。

在现代化的国民经济活动和科学技术发展过程中，仪器仪表有着更为广泛的应用，我国光学事业的奠基人之一王大珩院士曾经说过："仪器仪表是工业生产的'倍增器'，科学研究的'先行官',军事上的'战斗力'和社会生活的'物化法官'。"

1)在工业生产中,仪器仪表是"倍增器"。美国商业部国家标准局在 20 世纪 90 年代发布的一份调查报告表明,美国仪器仪表产业的产值约占工业总产值的 4%,但是它拉动的相关产值却达到社会总产值的 66%,发挥出了"四两拨千斤"的巨大倍增作用。事实上,现代化大生产,如发电、炼油、化工、飞机和汽车制造等,离开了只占企业固定资产大约 10%的各种测量仪器仪表装置,就不能正常安全生产,更难以创造巨额的产值和利润。现代仪器仪表已经成为促进现代工业经济发展的主流环节,在工业投资中占有相当大的比重。

2)在科学研究中,仪器仪表是"先行官"。开展科学研究与发展高新技术必须要有先进的仪器仪表做依托。先进的科学仪器既是知识创新和技术创新的前提,也是创新研究的主体内容之一和创新成就的重要形式。诺贝尔奖设立至今,在物理学奖和化学奖中约有 1/4 是属于测试方法和仪器创新的。以"X 射线衍射仪"为例,其发明者于 1915 年获得了诺贝尔物理学奖,之后据不完全统计,借助于"X 射线衍射仪"完成的科学发现中又有 15 项的发明者获得了诺贝尔奖,且遍布物理、化学和生理学领域,践行了仪器仪表"先行官"的作用。

3)在现代战争中,仪器仪表是"战斗力"。仪器仪表的测量控制精度决定了武器系统的打击精度,仪器仪表的测试速度、诊断能力则决定了武器的反应能力。先进的、智能化的仪器仪表已经成为精确打击武器装备的重要组成部分。现代侦察卫星是获取军事情报和开展快速军事打击的重要手段,但是卫星本身只是一个平台,卫星上各种高分辨率照相机的研发与应用则是体现一个国家军事侦察能力的重要指标,这也是仪器仪表"战斗力"的重要体现。

4)在社会生活中,仪器仪表是"物化法官"。检查产品质量、监测环境污染、查服违禁药物、识别指纹和假钞、侦破刑事案件等,这些社会生活中经常遇到的事情无一不依靠仪器仪表进行判断。仪器仪表还在教学实验、气象预报、大地测绘、交通指挥、控测灾情、诊治疾病等诸多领域都有着广泛的应用,无所不在,遍及"吃穿用、农轻重、海陆空"。

3. 仪器仪表的分类

仪器仪表是多种科学技术交叉融合的产物,品种繁多,应用领域广泛,随着科学技术的发展,新的仪器仪表又在不断涌现。因此,仪器仪表的分类方法也多种多样,还没有公认一致的分类方法,不同的分类方法都有其相对合理性和不足之处。

按照 GB/T 4754—2017《国民经济行业分类》,仪器仪表制造业包括:通用仪器仪表制造、专用仪器仪表制造、钟表与计时仪器制造、光学仪器制造、衡器制造以及其他仪器仪表制造六大类,每一大类下面又有若干小类。而若按照产品的主要服务对象和领域分,则通常把仪器仪表行业概括为生产过程测量控制仪表及系统、科学测试仪器、专用仪器仪表、仪表材料和元器件四大类。

"全国大型科学仪器资源数据库及共享网络信息管理系统"建设是国家科技部"十五"期间科技基础平台建设的重要组成之一,该系统从科学性、实用性考虑,提出了应用领域和仪器原理相结合的分类原则,即"先按大的应用领域分大类,然后在每一大类内先按原理分,按原理不好分时,再按具体应用分"的分类原则,采用三级分类法,把除实验室设备、大科学工程、专用在线仪器、自动化仪器仪表外的所有仪器(统称为科学仪器)先按大的应用领域分了 12 大类,每一大类根据仪器的原理或应用先分成若干类,每一类再根据原理或应用分成若干小类,制定了一个多达 12 大类数百小类的"仪器仪表分类表"。但是这个分类表只包括整机仪器,不包括元器件及相关技术。

中国仪器仪表学会经过广泛调研和研究，将现代仪器仪表按照应用领域和自身技术特性大致划分为了六大类：工业自动化仪表与控制系统、科学仪器、电子与电工测量仪器、医疗仪器、各类专用仪器、传感器与仪器仪表元器件与材料。这种分类方法存在的问题就是不同类之间也存在交叉，如专用仪器中有多种仪器也可以归于科学仪器的范畴；电子与电工测量仪器有些也是工业自动化生产当中必不可少的仪器。

1.2 测控技术与仪器的内涵与外延

1.2.1 专业和学科的关系

对于一个大学生来讲，专业和学科是经常能够听到的词语，但是两者之间是什么关系却是一个很难解释的问题。

关于"专业"一词，最早出现在《后汉书·孝献帝纪》中："今耆儒年逾六十，去离本土，营求粮资，不得专业。"其含义主要是指从事的某种学业或职业。"专业"应用到高等教育中，是高等院校或中等专业学校根据社会分工和科学技术发展所分成的学业门类，如自动化专业、测控技术与仪器专业，是高中生在报考大学志愿时最早接触到的高等学校招生信息。

学科在中国古代是指科举考试的学业科目。宋孙光宪《北梦琐言》卷二有云："咸通中，进士皮日休进书两通：其一，请以《孟子》为学科……。"后来，随着西方科学技术在我国被普遍认可和接受，学科的含义转变为相对独立的知识体系，通常分为自然科学、农业科学、医药科学、工程与技术科学、人文与社会科学五大类，进一步又分为哲学、理学、工学、农学、医学、经济学等13个大门类，每个门类下再设置一级学科，例如工学又分为力学、机械工程、光学工程、仪器科学与技术、材料科学与工程、冶金工程等39个一级学科。在高等学校中，学科又增加了一层新的含义，即大学教学、科研等的功能单位，是对高等学校人才培养、教师教学、科研业务隶属范围的相对界定。

专业和学科在大学里面是并存的，两者之间既有联系又有区别，如影随形，自然会给学生带来困惑，那么两者之间是什么样的关系呢？

简单来讲，专业是指大学里的学业门类，专业构成的要素主要包括：培养目标、课程体系和教师队伍，面向的对象是学生。专业是培养专门人才的摇篮，专业解决的问题是专门人才的培养，衡量专业建设的水平，是看其专门人才培养的数量和质量。学科是科学知识的分类，解决的问题是学术问题，学科发展的目标是知识发现和创新，面向的对象是教师。学科是高校的细胞组织，世界上不存在没有学科的高校。高校的各种功能活动都是在学科中展开的，离开了学科，不可能有人才培养，不可能有科学研究，也不可能有社会服务。如果再简单地说，那就是：本科生面对的是专业，研究生面对的是学科，教师既承担了专业建设，也承担了学科发展。这句话并不见得十分准确，但是非常形象。

按照2012年教育部公布的《普通高等学校本科专业目录》，"测控技术与仪器"属于工学中的仪器类专业，本科毕业获得工学学士学位。在2018年4月教育部学位管理与研究生教育司更新的《学位授予和人才培养学科目录》中，与"测控技术与仪器"专业相对应的是"仪器科学与技术"学科，以学术研究为目标，侧重理论和基础研究的学术型研究生，毕业后获得的是工学硕士、工学博士学位；以专业实践为导向，侧重于工程应用研究的专业型研究生，毕业后获得的是工程硕士学位。而在 2011 年国家启动的工程博士研究生培养试点中，没有按照传统意义上的学科门类划分工程博士学位授予点，是按照电子信息、生物医药、先进制造、能源环保四个应用领域来培养工程博士的，"仪器科学与技术"毫无疑问地在这四个领域都能够发现自己的影子，并发挥出重要作用。为了更清晰地了解测控技术与仪器专业和仪器科学与技术学科的对应关系，图 1-2 列出了两者之间的对应关系。

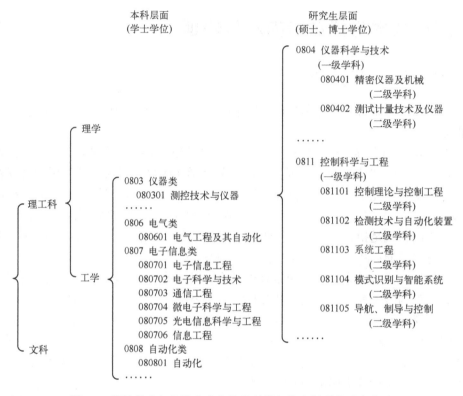

图 1-2　测控技术与仪器专业和仪器科学与技术学科的对应关系

从图中可以清楚地看到，本科对应了专业，研究生对应了学科。本科叫仪器类专业，只有测控技术与仪器一个二级专业；研究生叫仪器科学与技术学科，包含了精密仪器及机械和测试计量技术及仪器两个二级学科。但是这种对应关系绝对不意味着本科学仪器类专业的学生，研究生只能上仪器科学与技术学科，也有不少学生研究生阶段进行了重新选择。因此有两个问题需要进一步思考：一个是仪器科学与技术涉及的主干学科是什么？另外一个就是仪器科学与技术能够支撑的相关学科有哪些？在达到测控技术与仪器专业人才培养的要求之后，研究生阶段或者今后的科研工作中能够在仪器科学与技术之外的哪些学科得以发展呢？

1.2.2　仪器科学与技术涉及的主干学科

工科专业都构建了为实现本专业培养目标而必须完成的数理基础、学科基础和专业知识，这些就是支撑专业人才培养所涉及的主干学科。测控技术与仪器是一个多学科交叉的专业，是支撑仪器科学与技术人才培养的骨干专业，因此必须掌握坚实的数学、物理基础，以及所涉及相关学科的基础理论。

1．数学学科

数学是以形式化、严密化的逻辑推理方式，研究客观世界中数量关系、空间形式及其运动、变化，以及更为一般的关系、结构、系统、模式等逻辑上可能的形态及变化、扩展的一门学科，数学的主要研究方法是逻辑推理，包括演绎推理与归纳推理。

数学是现代科学技术的基础，是定量研究的关键基础和有力工具。而仪器科学与技术通过测控系统或者测量仪器探索自然界的时候，必将产生大量的测量数据。如果对测量结果进行分析处理，判断数据的质量和测控系统的性能，进而建立起科学模型以实现研究目标，则必然离不开数学的支撑和应用。

2．物理学学科

物理学是研究物质的结构、相互作用和运动规律及其实际应用的科学。物理学是一门基础学科，研究的是宇宙的基本组成要素；物理学也是各种技术学科和工程学科的共同基础和支撑，有力地促进了生产技术的发展和变革。

物理学对工科的支撑作用是毋庸置疑的，正是由于物理学在揭开自然界微观和宏观奥秘的道路上不断出现新的突破、发现新的效应、诞生新的理论，才为人们基于这些新突破研制出新的更为先进的仪器奠定了坚实基础。而且在物理实验过程中积累的实验能力及问题分析能力，也是仪器科学与技术学科急需的。

3．机械工程学科

机械工程是以相关的自然科学和技术为理论基础，结合生产实践经验，研究各类机械在设计、制造、运行和服务等全生命周期中的理论和技术的工程学科，具有理论与工程实践相结合的特点，是发现规律、运用规律和改造世界的有力工具。

机械工程的根本任务是研制满足人类生活、生产和科研活动需求的产品和装置。仪器科学与技术学科研制的仪器仪表必然涉及结构设计，无论是机械测量仪器、光学测量仪器还是电子测量仪器、量子测量仪器，都需要研制相应的机械系统框架以帮助实现设计指标，这些都离不开机械工程学科的有效支撑。

4．光学工程学科

光学工程的理论基础是光学，经历了漫长的发展道路，铸就了几何光学、波动光学、量子光学及非线性光学等理论基础体系，揭示了光的产生和传播规律，以及光与物质相互作用的关系，形成了独立的学科体系，具有广阔的发展空间。

光学工程是光学与工程相结合的学科，以光与物质相互作用为基础的光电子技术与光子学，以及以光作为信息传递媒介的光电信息技术与工程是其支撑知识体系，而围绕这两个核心知识体系开展光学仪器、光电成像等新型仪器的设计与应用，是仪器科学与技术学科一个重要的发展前沿，是专业人才培养体系中的重要基础。

5．电子科学与技术学科

电子科学与技术源于对电路和电磁场现象的发现和基础理论的研究，重点研究电子运动规律、电磁场与波、电磁材料与器件、光电材料与器件、半导体与集成电路、电路与电子线路及其系统的科学与技术，是现代科学技术诸多学科不可或缺的基础。

当今社会已经进入了一个依赖电子设备的电路与系统时代，对电路分析、模拟电子技术与数字电子技术等知识的掌握，以及培养基于这些基础知识进行测控系统的设计与完善，是测控技术与仪器专业的基本要求；此外，仪器科学与技术学科中仪器微型化、集成化的发展趋势也需要电子科学与技术学科的强力支持。

6．计算机科学与技术学科

计算机科学与技术是围绕计算机系统的设计与制造，以及利用计算机进行信息获取、表示、存储、处理、传输和运用等领域方向，开展理论、原理、方法、技术、系统和应用等方面研究的学科，是现代文明赖以生存的重要科学与技术领域之一。

计算机科学与技术是当前信息化、智能化时代的重要支撑，强调理论与技术相结合、技术与系统相结合以及系统与应用相结合，涉及仪器科学与技术学科中智能化仪器仪表的设计与应用方法，以及数字信息的传送与处理技术等诸多领域，是推动仪器仪表向智能化、虚拟化、网络化发展的重要支撑技术。

7．控制科学与工程学科

控制科学与工程是研究系统与控制的理论、方法、技术及其工程应用的学科，是以控制论、系统论、信息论为基础，以各个行业的系统与控制共性问题为动力牵引，研究在一定目标和指标体系下，系统建模、特性以及控制与决策等问题的学科。

控制科学与工程重在信息获取与利用相结合、系统认知与优化相结合、实验与仿真相结合、科学分析与工程实践相结合。而当仪器科学与技术需要进行复杂测控系统的设计时，必须能够结合复杂测控系统的应用背景和条件进行控制问题的凝练、分析与解决，这是仪器科学与技术学科研究人员必须具备的概念和必须应用的方法。

8．力学学科

力学是关于力、运动及其关系的科学，主要研究介质运动、变形及流动等的宏、微观行为，揭示力学过程及其与物理学、化学、生物学等过程的相互作用规律。力学是一门基础学科，同时又是一门技术学科，是科学技术创新与发展的重要推动力量。

力学研究对象涵盖了宇观的宇宙体系、宏观的天体、细观的晶体、微观的基本粒子，渗透到了每个角落。力学还是一门交叉的学科，在交叉融合中形成了生物力学、环境力学等新兴方向，发展出了新概念、新理论和新方法。对于仪器科学与技术学科，这些特点对于新型仪器的研制、仪器长期运行可靠性的分析等都有重要的支撑作用。

仪器科学与技术学科涉及的主干学科支撑示意图如图 1-3 所示。这些学科之所以称为主

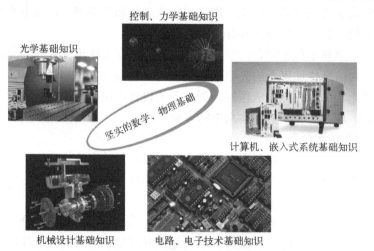

图 1-3　仪器科学与技术学科涉及的主干学科支撑示意图

干学科，是因为无论是人类早期的机械式仪器仪表，还是后来的电磁式仪器仪表与光电式仪器仪表，再到今天的量子式仪器仪表，都是能够在这些主干学科的支撑下加以研制和实现的，因此图 1-3 的实质也是和本小节所述知识体系的构成相吻合的。

1.2.3　仪器科学与技术支撑的相关学科

主干学科的构成决定了测控技术与仪器专业人才培养的知识体系，本科阶段进入测控技术与仪器专业就读的学生，由于具备了这些主干学科基础理论的支持，在研究生阶段是有机会选择到这些学科进行深造的，也就是说，这种支撑关系是双向的。

因此首先肯定的是，这些主干学科奠定了仪器科学与技术学科的基础理论体系，仪器科学与技术学科也能够支撑这些学科的发展。那么除此之外，仪器科学与技术学科还能够支撑哪些学科的发展呢？仪器科学与技术的多学科交叉特性决定了其支撑学科的广泛性，我们换个角度来理解这个问题。仪器科学与技术学科有两个关键词：一个是测量，另一个是仪器。测量是仪器科学与技术学科的使命，仪器则是仪器科学与技术追求的目标。学科源于测量的需求，止于仪器的研制与完善，循环往复，不断追求尽善尽美的测量。

前面已经对测量和仪器的定义进行过剖析，测量的实质就是和标准进行比较的过程，而仪器则是建立标准的工具，因此任何一个学科在发展的过程中，如果有测量的需求，那就必须要先建立标准，然后再用标准和被测量进行比较，从而得到测量结果。从这个角度理解仪器科学与技术学科与其他学科的支撑关系，并参照国务院学位委员会第六届学科评议组编写的《学位授予和人才培养一级学科简介》，可以得到图 1-4 所示的支撑关系，包含了明确支撑的学科关系以及可能支撑的学科关系两种情况。

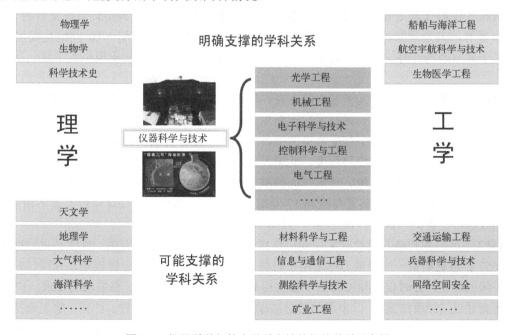

图 1-4　仪器科学与技术学科支撑的相关学科示意图

我们主要从理学和工学的角度来分析一下支撑关系，按照"仪器科学与技术"学科评议组撰写的报告，仪器科学与技术学科支撑的相关学科有光学工程、机械工程、电子科学与技术、控制科学与工程、电气工程等。在《学位授予和人才培养一级学科简介》中，每个学科都要列出相关学科，与仪器科学与技术自身列出学科相重复的就不再列出了，除此之外明确表述和仪器科学与技术学科相关的还有理学中的物理学、生物学和科学技术史，工学中的船舶与海洋工程、航空宇航科学与技术以及生物医学工程，并不算多，但是仔细查阅每个学科的概况、内涵、学科范围以及培养目标，其中多数都提到了测量和仪器的应用，如理学中的天文学、地理学、大气科学、海洋科学等，工学中的材料科学与工程、信息与通信工程、测绘科学与技术、矿业工程、交通运输工程、兵器科学与技术、网络空间安全等，因此仪器科学与技术学科对这些学科都存在可能的支撑关系。这其实和仪器科学与技术的学科特点密切相关，仪器科学与技术是使得人类的感觉、思维和体能器官能够得以延伸的学科，而无论是理学，还是工学，都是以探索或改变客观世界为目的的，必然需要更强的感知和操作工具的能力，而这个能力离不开仪器科学与技术学科的强力支撑。

1.3　测控技术与仪器的历史与现状

1.3.1　测控技术与仪器的发展历史及发展趋势

纵观仪器仪表的过去、现在和将来，可以将其分为四个阶段：机械式、电磁式、光电式及量子式。四个阶段出现的时间呈现先后顺序，但是在具体发展过程中，并不是一个阶段结束了才掀开另一个阶段的帷幕，而是存在着交叉重叠的现象，都在不断发展完善的过程中。

1. 机械式仪器仪表

机械式仪器仪表主要是基于力学、热力学等基本物理学原理，典型代表就是计时仪器、长度仪器等，其发展阶段从人类早期文明一直持续到现在，16 世纪—18 世纪是发展的巅峰，基于新原理的计时仪器、温度及压力等一系列机械式仪器仪表的出现引发了第一次工业革命。

以计时仪器为例，早期人类发明的圭表、日晷等均存在着致命的缺陷，就是当没有太阳光的时候如何计时。为此，刻漏技术应运而生。刻是指刻箭，即标有时间刻度的标尺，漏则是指漏壶。漏壶主要有泄水型和受水型两类。刻漏技术在各文明古国中有着广泛的应用，其计时精度主要取决于水流的均匀程度。北宋天文学家苏颂等人创建的水运仪象台，是集观测天象的浑仪、演示天象的浑象、计量时间的漏刻和报告时刻的机械装置于一体的综合性观测仪器，其驱动系统中的天衡装置与欧洲 17 世纪出现的锚状擒纵器在设计原理上非常相似，因此水运仪象台被誉为"世界时钟之祖"，如图 1-5 所示。

1582 年前后伽利略发现教堂大厅的吊灯摆动频率只与摆线长短有关，这就是重力摆的出现；1657 年惠更斯第一次将重力摆应用于时钟。从圭表时代每天数分钟误差，到摆钟时代的每天秒级的误差，计时仪器精度得到了极大提高，但仍然难以满足航海领域的要求。1714 年英国国会通过《经度法案》，以丰厚的奖金鼓励研制精度更高的航海钟。约翰·哈里森接受了挑战，用两根弹簧把两个金属钟摆的两头连在一起，从而使钟摆的摆动频率摆脱了海浪颠簸的影响，精度提高但是体积仍然不能满足要求。哈里森经过不懈的努力，在 60 岁高龄的时候依然在尝试推倒原先的方案，利用小型高频振子的方案研制出直径 13cm、重 1.45kg 的航海钟，误差每天不超过 0.06s，达到了机械式计时仪器的巅峰，如图 1-6 所示。

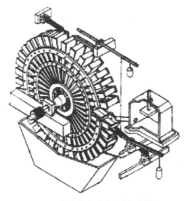

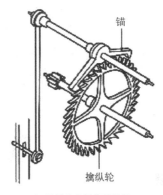

a）水运仪象台的天衡结构　　　　　　　　b）机械表中的擒纵结构

图 1-5　天衡结构和擒纵结构

图 1-6　哈里森研制的 H1～H4 系列航海钟

2. 电磁式仪器仪表

电磁式仪器仪表主要是基于电磁学等基本物理学原理，一方面仪器仪表的巧妙设计与应用奠定了电磁学的理论基础，另一方面基于电磁学理论的各类电磁式仪器仪表的蓬勃发展，直接孕育了第二次工业革命，改变了科学技术进步的步伐，深刻变革了人类的日常生活方式。

人类对于电磁学的关注由来已久，但直到 18 世纪，由库仑开始，经奥斯特、安培、法拉第、麦克斯韦、赫兹等人的努力，才最终建立起完善的电磁学理论体系，而在这其中仪器仪表与电磁学理论相辅相成、共同发展，奉献出一幕幕科学史上精彩的画卷。

精确的实验设计与完美的仪器应用推动了电磁学理论体系的发展与完善。从库仑 1785 年利用扭秤实验装置建立库仑定律开始，到 1820 年奥斯特揭示电流磁效应的物理实验，再到安培定律的建立，直至法拉第揭示磁产生电的电磁感应实验，这里面无处不在地体现出了仪器仪表的重要作用。而在这些研究工作的基础上，麦克斯韦于 1873 年写出了《电磁学通论》这部经典名著，建立起麦克斯韦方程组，揭示了电场与磁场相互转化中产生的对称性优美，并预言了电磁波的存在；德国物理学家赫兹则于 1888 年通过实验验证了电磁波的存在；之后意大利物理学家马可尼于 1895 年利用电磁波实现了无线电通信。一个个精巧的实验一步步为电磁学理论大厦添砖加瓦，电磁学理论才能够走向成熟。

电磁学理论的进步又衍生出一系列新的仪器仪表。电流表的诞生源于安培电动力学的发展，因此安培又被誉为"电学牛顿"；电压表的工作原理类似于电流表，都是基于电流变化产生变化的磁场，通过该磁场与永磁场间力的变化改变指针的角度来测量其大小。德国物理学家韦伯在电磁式仪器仪表的研制方面做出了突出贡献，1841 年发明了既可测量地磁强度又可测量电流强度的绝对电磁学单位的双线电流表，1846 年发明了电力功率测试仪，1853 年发明了测量地磁强度垂直分量的地磁感应器，推动了电磁式仪器仪表的广泛应用，这些应用助推了一系列学科的发展和完善，从而掀起了第二次科技革命的风暴。一些典型的电磁式仪器仪表实物图如图 1-7 所示。

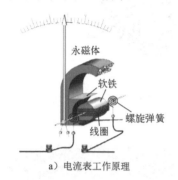

a）电流表工作原理　　　　　　　b）早期的电流表、电压表和电力功率测试仪

图 1-7　典型电磁式仪器仪表原理及实物图

接下来计时仪器进入石英电子表的时代，法国科学家皮埃尔·居里 1880 年发现压电效应，并在 20 世纪 20 年代引起了贝尔实验室莫里森的兴趣，莫里森正试图寻找稳定的频率源来实现高精度的计时，基于石英的晶体振荡器满足了他的要求，他于 1927 年研制出世界上第一台石英钟，掀开了石英表的研制序幕。20 世纪 60 年代半导体技术的飞速发展使得石英钟的小型化和民用化成为可能，1969 年日本精工公司推出了世界上第一款商用的石英手表 Astron，石英表迅速吸引了人们的关注。通过研究人员的不懈努力，石英表精度已能达到 300 年只差 1s，逐渐取代了机械表的垄断地位。早期的石英表实物如图 1-8 所示。

a）人类早期的石英钟　　　　　　b）精工公司的 Astron 石英手表

图 1-8　石英钟和石英手表

3. 光电式仪器仪表

光电式仪器仪表源于光学基本原理以及 20 世纪中叶兴起的计算机、光纤、激光器、大规模集成电路等技术，从人类早期文明中精巧的光学测量，再到现在"光"和"电"紧密结合，

光电式仪器仪表进入了黄金时期，它在科学发现、工程实践及日常生活中的应用无处不在。

早期的光学仪器是基于纯光学的原理。1590 年，荷兰的詹森父子研制出世界上第一台显微镜，放大倍数比当时的显微镜高出 10 倍。1665 年，英国的罗伯特·胡克从树皮上切了一片软木薄片放到自己设计的显微镜下，观察到了植物细胞，并用单人房间的英文单词 cell 来对其进行命名。1676 年，荷兰的列文虎克研制出放大倍数为 275 倍的显微镜，发现了细菌。因此可以说，显微镜的出现打开了人类认识微观世界的窗户，人类对于疾病的认识也在显微镜的助力下取得了飞跃式发展。1608 年，荷兰人汉斯·利伯希发明了折射式望远镜。1609 年，意大利科学家伽利略利用改进的折射式望远镜对月球、木星和太阳进行了观测，发现了月球上的环形山、木星的 4 个卫星以及太阳在做转动的全新结论。1668 年，牛顿发明了反射式望远镜并有效解决了色差问题。而结合两者优点的折反射式望远镜于 1814 年出现。各种类型的光学望远镜迅速打开了人类认识宇宙的窗户，天文学发展日新月异。

进入 19 世纪末，光学仪器的代表性工作主要是迈克耳孙开展的，包括测量光速、发明迈克耳孙干涉仪以及测定以太是否存在。迈克耳孙是 1879 年开始光速测定工作的，是继菲佐、傅科、科纽之后第四个在地面测定光速的。他用正八角钢质棱镜代替傅科实验中的旋转镜，最精确的测定是在南加利福尼亚山间 22mile$^{\ominus}$ 长的光路上进行的，测量值为（299796±4）km/s，是当时的世界纪录。1881 年为了验证以太是否存在，他研制出了干涉仪，其实质是利用分振幅法产生双光束以实现干涉，如图 1-9 所示。迈克耳孙认为若地球绕太阳公转相对于以太运动时，其平行于地球运动方向和垂直地球运动方向上，光通过相等距离所需时间不同，因此在仪器转动 90°时，前后两次所产生的干涉必有 0.04 条条纹移动，但实验得到的是否定的结果，后来多次实验测量也是相同的结果，也就彻底否定了以太的存在。这个实验对相对论的提出有启示作用。

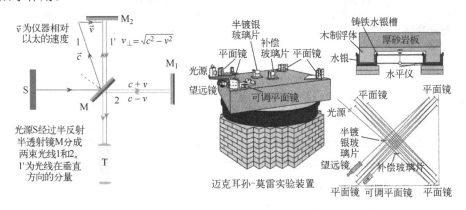

图 1-9　迈克耳孙-莫雷实验原理图及实验装置示意图

前面的光学测量主要基于光学基本原理实现，20 世纪中叶以来，激光器、计算机、大规模集成电路等技术的发明与应用（见图 1-10）迅速推动了光电相结合的光电式仪器仪表的跨越式发展。一方面敏感元件基于光学原理，丰富了信息获取的手段，另一方面光电成像后的信号分析处理基于计算机完成，性能得到提高，光电式仪器仪表进入黄金年代。

得益于这些技术的飞速发展，诞生了一门新兴的学科——计算机视觉技术，其中视觉传

　　$\ominus$　1mile=1.609344km。

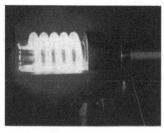
a）世界上第一台红宝石激光器

b）世界上第一台计算机

c）世界上第一块集成电路

图 1-10　最早的激光器、计算机及集成电路实物

感器的研制与应用则是其飞跃发展的前提和基础，电荷耦合器件（Charge-coupled Device，CCD）图像传感器的发明在其中扮演了重要角色。1969 年，美国贝尔实验室正在尝试发展视频电话和半导体气泡式内存，美国科学家博伊尔和史密斯将这两种新技术结合后，研制出一种新的装置，能够沿着一片半导体的表面传递电荷，如图 1-11 所示。最开始他们试图将其用作记忆装置，当时只能从暂存器用"注入"电荷的方式输入记忆。但是随即发现光电效应能使此种元件表面产生电荷，从而组成数码影像，掀起了用硅片替代传统的化学胶片来获取图像信息的序幕，人类通过计算机视觉认识客观世界的方法得到了革命性的发展。

a）博伊尔和史密斯发明 CCD 图像传感器

b）嫦娥二号搭载的 CCD 立体照相机

图 1-11　CCD 图像传感器的发展

1977 年，戴维斯博士在美国海军研究所开始主持光纤传感器系统（FOSS）计划，研究方向是水声器、磁强计和其他水下检测设备，这被认为是光纤传感器问世的日子。研究人员普遍认为光纤传感技术的发展经历了四个阶段：第一阶段是 1977 年—1982 年，光纤传感技术的研究集中在基础理论的突破；第二阶段是 1980 年—1995 年，光纤传感器件相继诞生，但主要停留在实验室阶段；第三阶段是 1995 年—2005 年，光纤传感技术开始商业化，主要应用于军工、国防及航空航天等领域；第四阶段从 2000 年开始，随着光纤传感技术的不断改进及成熟，其日益显现出来的诸多优势促进了其在石油石化、交通、电力、汽车及安防等工业领域的广泛应用，对科学研究、日常生活都产生了深远的影响。

4．量子式仪器仪表

量子式仪器仪表源于以量子物理为基础的现代物理学发展，在量子物理的发展过程中，一方面测量与实验验证了新的理论，另一方面量子理论的进步又提供了新的测量选择，两者相辅相成，共同进步。量子式仪器仪表的发展日新月异，发展潜力巨大，发展空间广阔。

一方面，测量方法的精确设计以及仪器仪表的巧妙应用促进了量子物理的不断完善，如图 1-12 所示。1897 年，约瑟夫·汤姆逊在研究稀薄气体放电的实验中，通过在射线管外侧施加电场，观测到阴极射线的偏折，从而证明了电子的存在；1911 年，卢瑟福开展了 α 粒子散射实验，发现了原子核的存在；1912 年，丹麦物理学家玻尔在卢瑟福实验结果的基础上提出了原子轨道模型；随后美国科学家密立根于 1913 年测定出电子电荷的准确数值；1927 年，乔治·汤姆逊发现了电子的衍射现象，从而证实了电子具有波粒二象性；1931 年，查德威克发现中子；之后各种加速器的发明引发基本粒子相继被发现；吴健雄证明了宇称不守恒的实验；等等。人们依赖测量和仪器对微观世界的认识发生了翻天覆地的变化。

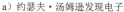
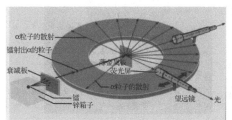

a）约瑟夫·汤姆逊发现电子　　　b）卢瑟福的 α 粒子散射实验　　　c）密立根测量电子电荷实验

图 1-12　人类认识微观世界的部分里程碑实验

另一方面，不断发现的新的物理效应和材料，为更加精确的测量提供了全新的选择。仍然以计时仪器为例，1936 年，美国物理学家拉比在哥伦比亚大学开展了波谱学研究，提出了原子和分子束谐振技术理论并进行了相应实验，得到了原子跃迁频率只取决于其内部固有特征而与外界电磁场无关的重要结论，为利用原子跃迁实现频率控制奠定了理论基础。拉比因此获得了 1944 年诺贝尔物理学奖。1949 年，他的学生拉姆齐提出了分离振荡场的方法，使原子两次穿过振荡电磁场，其结果可使时钟更加精确，为原子钟的研制奠定了坚实基础，拉姆齐因此获得了 1989 年诺贝尔物理学奖。1955 年，埃森和帕利在英国皇家物理实验室研制成功世界上第一台铯束原子钟，精度达到百万年偏差 1s 的水平，开创了原子钟实际应用的新纪元。1960 年拉姆齐研制成功氢原子钟，之后铷原子钟、CPT 原子钟等各种类型的原子钟得以问世。2013 年，美国科学家宣布研制出镱原子钟，将计时精度提高到了百亿年差 1s 的水平，部分标志性计时仪器的实物图如图 1-13 所示。

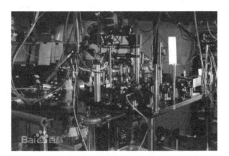

a）世界上第一台铯束原子钟　　　　　　　b）世界上第一台镱原子钟

图 1-13　部分标志性计时仪器的实物图

显微镜在这个阶段也发生了新的变革，1931 年，德国科学家鲁斯卡成功应用磁性镜头研制出第一台二级电子光学放大镜，实现了电子显微镜的技术原理，其核心思想是基于磁场会因电子带电而偏移的现象，使得通过磁性镜头的电子射线能够像光线一样被聚焦。由于电子的波长远小于光线的波长，因此电子显微镜的分辨率明显优于光学显微镜。1982 年扫描隧道显微镜问世，其工作原理类似唱针扫过唱片，当一根探针（针尖极其尖锐，仅由一个原子组成）慢慢通过被分析的材料时，一个电荷被放置在探针上，一股电流从探针流出，通过整个材料到达底层表面，通过绘出扫描过程中电流的波动，即可得到组成一个网格结构的单个原子的美丽图片，从而实现原子量级的观测。1985 年研制的原子力显微镜则有效解决了扫描隧道显微镜对绝缘材料难以观测的难题。相关显微镜的实物图如图 1-14 所示。

a）第一台电子显微镜　　　　b）第一台扫描隧道显微镜　　　　c）第一台原子力显微镜

图 1-14　电子显微镜及扫描隧道显微镜的发展

得益于对微观世界认识的不断深入及观测微观世界的手段不断丰富，MEMS 技术诞生并蓬勃发展。MEMS 是 Micro Electro-Mechanical System 的简称，即微机电系统，其研究始于 20 世纪 60 年代，是微电子和微机械的巧妙结合。1962 年第一个硅微压力传感器问世，其后开发出尺寸为 50～500μm 的齿轮、气动涡轮及连接件等微机构。1987 年美国加州大学伯克利分校研制出转子直径为 60～120μm 的硅微型静电电机，1987 年—1988 年间一系列国际学术会议的召开使得 MEMS 一词被广泛接纳。1988 年美国提出"小机器、大机遇"的口号，MEMS 技术的应用潜力得到了世界各国的高度重视。1993 年，美国 ADI 公司成功地将微型加速度计商品化，并将其大量应用于汽车防撞气囊，标志着 MEMS 技术商品化的开端。如今，MEMS 技术的应用意境无处不在，并在深刻改变着人们的生活方式。

1.3.2　测控技术与仪器专业的历史沿革

1949 年新中国成立之后进入大规模经济建设时期，工业企业和国防建设急需仪器类专门人才。1952 年参照苏联的模式，全国高校进行了大规模的院系调整，天津大学率先建立了"精密机械仪器"专业，同年，浙江大学创建了"光学仪器"专业，北京航空航天大学设立了"仪表与自动器"专业。随后国内其他高校陆续设置了相关专业，按照时间先后顺序为：哈尔滨工业大学 1956 年设立"精密仪器"专业，1957 年设立"自动化仪表"专业；电子科技大学 1957 年设立"无线电测量"专业；上海交通大学 1958 年设立"精密仪器"专业；清华大学 1959 年设立"精密仪器"和"光学仪器"专业；东南大学 1960 年设立"陀螺仪与导航仪器"等。以上学校的专业设置分别适应了不同学校仪器类专业的人才培养需求。

1981 年，国家有关部门批准首批博士与硕士学位授予单位，全国共计 151 个单位获此殊荣。这其中，清华大学精密计量测试技术及仪器、光学仪器，天津大学测试计量技术及仪器以及北京航空航天大学航空陀螺与惯性导航位列其中，浙江大学的与仪器相关的生物医学仪器及工程、工业电子技术及电磁测量也在其中。1988 年首批国家重点学科进行评选，清华大学、浙江大学、天津大学的光学仪器，清华大学的精密机械仪器、天津大学的测试计量技术及仪器以及北京航空航天大学的航空陀螺及惯性导航入选，与仪器有相关性的浙江大学的工业电子技术及电磁测量以及西安交通大学的生物医学仪器及工程入选。

之所以要简单介绍一下专业和学科的历史沿革，不可否认的是国内仪器类专业和学科的高校众多，专业和学科名称五花八门，这就为仪器类专业的宣传带来了困惑，也不利于学生和社会大众理解仪器类专业和学科的内涵。当然，我们更不能否认，各个学校仪器类专业的师生员工一直在坚守人才培养和科学研究的阵地，为我国经济建设和科学水平的飞速发展贡献了自己的力量。

随着高等教育改革的大势所趋，苏联办学模式过于细化的专业教育模式已经无法适应新时代人才培养的需要。我国高等教育的指导思想逐渐定位于面向世界、面向未来、面向现代化、面向市场经济，专业合并迫在眉睫。1998 年，教育部重新调整了专业目录，之前仪器类的 11 个专业（精密仪器、光学技术与光电仪器、检测技术与仪器仪表、电子仪器及测量技术、几何量计量测试、热工计量测试、力学计量测量、光学计量测量、无线电计量测试、检测技术与精密仪器、测控技术与仪器）被归并为一个大类专业——测控技术与仪器，这是仪器类专业从专才教育向通才教育转变的重要里程碑。厚基础、宽口径的人才培养模式符合人才市场需求，也响应信息技术蓬勃发展的时代潮流。

进入 21 世纪以来，仪器类专业的发展速度是空前的，测控技术与仪器专业规模急速扩大，全国开设测控技术与仪器本科专业的院校从 2000 年的 96 所增加到 2009 年的 257 所，到 2017 年已经接近 300 所。快速发展的态势反映出测控技术与仪器专业的欣欣向荣，反映出测控技术与仪器专业逐渐得到了社会的认可和学生的欢迎。

略显遗憾的是，放眼国外，却很少有和测控技术与仪器专业密切相关的专业存在。一方面的原因是专业划分原则不同，我们参照苏联的模式进行过于细化的专业划分，虽然近年来也在逐渐调整和改变，但是仍然存在专业和学科划分偏细的问题。以《普通高等学校本科专业目录（2012 年）》为例，工学专业被划分为 31 个专业类、169 种专业，而在国外的很多大学里面都是只有一个工程学院，而且里面的院系设置也比较粗放，没有我们这么细化，也就很难找到完全对应的专业名称了。以麻省理工学院为例，工程学院下面只设置了 8 个系和 2 个研究所，8 个系的名称分别叫航空航天系、生物工程系、化学工程系、土木与环境工程系、电气工程和计算机科学系、材料科学与工程系、机械工程系以及原子科学与工程系，2 个研究所分别叫医学科学与工程研究所以及数据、系统与社会学研究所，而这就对应了几乎我们国家所有的工科专业；再以斯坦福大学为例，斯坦福大学的电气工程专业是基于数学和物理学基础上的一门专业，培养的毕业生期望能够在信息工程、系统工程、物理电子技术和应用科学领域获得就业机会，这又对应了我们国家的多个本科专业。另一方面的原因就是测控技术与仪器专业的特点，因为是一个学科交叉的专业，所以很容易被放到其中一个学科里，如普林斯顿大学就主要是物理系在做用于基础物理学发现的仪器等。

不过，我们仍然可以换个思路来想问题，国外绝大多数国家和学校没有仪器专业，但是发达国家却都有计量机构，如：美国国家标准与技术研究院（National Institute of Standards and Technology，NIST），主要从事物理、生物和工程方面的基础和应用研究，以及测量技术和测试方法方面的研究；德国联邦物理技术研究院（Physikalisch-Technische Bundesanstalt，PTB），主要任务就是进行计量学基础研究和应用技术开发（包括复现计量单位、建立和保存国家基准、进行量值传递、研究新的测试原理和方法、进行计量器具型式评价和型式批准）。这两个都是世界闻名的计量和测试科研机构。此外，国际计量大会和国际计量委员会的执行机构——

国际计量局（Bureau International des Poids et Mesures，BIPM）是一个常设的世界计量科学研究中心，主要任务是保证世界范围内的计量统一。这些计量机构所要从事的主要工作恰恰就是测控技术与仪器专业人才培养的主要目标之一，也是仪器科学与技术学科"以建立标准的工具"为目标的原动力。

也就是说，国外虽然没有仪器类专业，但是所要开展的工作完全和我们相同，只不过它们是分散到了不同的专业，这也正好符合测控技术与仪器专业以及仪器科学与技术学科的定位。从这个角度看，测控技术与仪器专业在国外也是无处不在的。

本章小结

作为本书最基础的章节，本章沿着测控技术与仪器基本概念的介绍、测控技术与仪器内涵与外延的解读以及测控技术与仪器的历史与现状这条主线展开介绍，出发点是让学生先了解专业、再认识专业，最后能够热爱专业。基本概念是了解专业的基础，内涵与外延的理解是认识专业的前提，历史与现状则是热爱专业的催化剂，希望测控技术与仪器专业的学生能够认真理解本章的基本内容，在大学伊始就能够了解和认识专业，为将来热爱专业并为之奉献打下坚实的基础。

思考题与习题

1. 测试、测量和计量的基本概念是什么？分别具有什么样的特点？三者之间的联系和区别又是什么？

2. 测量与控制的关系是什么？将两者结合形成的"测控"一词，其内涵是什么？对于你理解测控技术与仪器专业有什么帮助？

3. 仪器和仪表的基本概念是什么？两者之间是什么关系？

4. 仪器仪表如何分类？你有更好的分类方法吗，试举例说明。

5. 专业和学科的基本定义和内涵分别是什么？两者之间是什么关系？

6. 仪器科学与技术涉及的主干学科有哪些？试举例说明仪器科学与技术与其中某个学科的支撑关系。

7. 仪器科学与技术支撑的相关学科有哪些？试举例说明仪器科学与技术是如何支撑某个学科的发展的。

8. 试举例说明一种机械式仪器仪表的工作原理，并简单论述一下这种仪器仪表对科技发展的助推作用。

9. 试举例说明一种电磁式仪器仪表的工作原理，并简单论述一下这种仪器仪表对科技发展的助推作用。

10. 试举例说明一种光电式仪器仪表的工作原理，并简单论述一下这种仪器仪表对科技发展的助推作用。

11. 试举例说明一种量子式仪器仪表的工作原理，并简单论述一下这种仪器仪表对科技发展的助推作用。

12. 谈谈你对测控技术与仪器发展历史与发展趋势的理解。

参考文献

[1]　国家法制计量管理计量技术委员会.通用计量术语及定义: JJF 1001—2011[S]. 北京: 中国质检出版社, 2012.

[2]　林玉池. 测量控制与仪器仪表前沿技术与发展趋势[M]. 天津: 天津大学出版社, 2008.

[3]　费业泰. 误差理论与数据处理[M]. 7 版. 北京: 机械工业出版社, 2015.

[4]　张珉. 仪器科学与技术概论[M]. 北京: 清华大学出版社, 2011.

[5]　潘仲明. 仪器科学与技术概论[M]. 北京: 高等教育出版社, 2010.

[6]　现代测量与控制技术词典编委会. 现代测量与控制技术词典[M]. 北京: 中国标准出版社, 1999.

[7]　赵曜. 自动化概论[M]. 北京: 机械工业出版社, 2009.

[8]　卢强. 控制理论的发展[J]. 电网技术, 1993(4): 1-6.

[9]　沈珠江. 论科学、技术与工程之间的关系[J]. 科学技术与辩证法, 2006, 23(3): 21-25.

[10]　中国标准化研究院. 国民经济行业分类: GB/T 4754—2017[S]. 北京：中国标准出版社, 2017.

[11]　柳青. 论专业与学科及其相互关系[J]. 陕西教育·高教, 2014(9): 31-32.

[12]　中华人民共和国教育部高等教育司. 普通高等学校本科专业目录和专业介绍[M]. 北京: 高等教育出版社, 2012.

[13]　国务院学位委员会第六届学科评议组. 学位授予和人才培养一级学科简介[M]. 北京: 高等教育出版社, 2013.

[14]　徐熙平, 张宁. 测控技术与仪器专业导论[M]. 北京: 电子工业出版社, 2018.

[15]　胡小唐. 仪器科学与技术教育教学改革与实践[M]. 天津: 天津大学出版社, 2011.

[16]　陈美东, 华同旭. 中国计时仪器通史: 古代卷[M]. 合肥: 安徽教育出版社, 2011.

[17]　张遐龄, 吉勤之. 中国计时仪器通史: 近现代卷[M]. 合肥: 安徽教育出版社, 2011.

[18]　TURNER A J. Sun-dials: History and classification[J]. History of Science, 1989, 27(3): 303-318.

[19]　RABI I I, ZACHRIAS J R, MILLMAN S, et al. A new method of measuring nuclear magnetic moment[J]. Physical Review, 1938, 53(4): 318.

[20]　RAMSEY N F. A molecular beam resonance method with separated oscillating field[J]. Physical Review, 1950, 78(6): 695-699.

第2章 测控技术与仪器专业的知识体系

导读

基本内容：

本章通过介绍测控技术与仪器专业的培养目标和知识体系，使得学生能够对专业的课程体系有所了解，对于不同类型课程的教学内容能够有所把握，内容包括：

1．知识体系概述：以引导学生理解专业培养目标为切入点，深入浅出地介绍专业知识结构以及知识体系构成，特别要强调的是，作为一个工科特色显著的专业，创新与实践能力的培养是贯穿大学始终的主题和目标。

2．通识类课程的知识体系：旨在培养学生具备扎实的自然科学基础、正确的价值观和良好的职业道德素养，主要包括人文社会科学类课程和数学与自然科学类课程，相当大一部分高校也将工程技术与实践类课程放在通识类课程体系。

3．学科基础课程的知识体系：旨在培养学生具备构建测控系统与仪器设计的基本能力，并支撑后续专业课程的学习。主要包括光学工程技术、电子信息技术、机械工程技术、计算机及控制技术四方面课程。

4．专业课程的知识体系：以准确、可靠、稳定地获取信息为主线，主要包括传感器及检测技术基础、信号分析与数据处理技术基础、测量理论与控制技术基础等课程，不同学校可以根据自身的特点进行针对性的课程体系设计，确保共性和个性的兼顾。

5．专业能力培养的支撑课程结构：以北京航空航天大学测控技术与仪器专业为例，介绍了该专业的课程设置。

学习要点：

了解测控技术与仪器专业的培养目标和要求，以及支撑本专业人才培养的知识体系构成。理解通识类课程、学科基础课程以及专业课程的知识体系框架，对每一类课程的特点以及教学内容、教学要求能够有自己的理解与体会，进而对于在大学阶段应当具备什么样的专业能力能够有全面而清楚的认识，这有助于合理规划大学阶段的学习与生活。

2.1 知识体系概述

1998 年教育部专业目录调整时，将当时仪器仪表相关的 11 个专业整合为测控技术与仪器，隶属于仪器类大类。2018 年出台的《普通高等学校本科专业类教学质量国家标准》（以下简称《教学质量国家标准》）中指出，测控技术与仪器专业旨在研究物质世界中信息获取、处理、传输和利用的理论、方法和实现途径，用物理、化学或生物的方法，获取对象状态、属性及变化信息，并将其转换处理成易于表达和利用的形式。由此可见，宽口径是测控技术与仪器专业人才培养过程中的特点，具体体现就是多学科交叉，这也是在专业知识体系设计中必须要考虑的重点问题。

2.1.1　人才培养目标和要求

《教学质量国家标准》中的"仪器类教学质量国家标准"中明确的人才培养目标是：培养具有社会责任感和良好的科学、工程、人文素养，系统地掌握自然科学基础、工程基础、测量控制与仪器方面的基础知识和基本技能，具有测控系统与仪器设计、实现和应用能力，具有自主学习能力、创新意识和团队合作精神，能够在相关领域从事科学研究、技术开发与管理、工程应用、生产制造、运行维护等工作的专业技术人才。此外，在标准中还提到，不同学校的测控技术与仪器专业应该在把握学校定位、专业背景和特点的基础上，了解毕业生未来发展需求，明确本专业的培养目标，适应社会经济发展对本专业人才培养的多样化需求。因此，各个学校在培养目标的制定过程中必须要考虑到共性基础和学校特点的兼顾问题。

人才培养目标是明确毕业要求，构建专业知识、能力、素质结构、组织教学活动的基本依据，培养目标中的各项内容应该在培养方案的设计和实施过程中充分分解，可落实，可评价。培养目标应向教育者、受教育者和社会有效公开，得到充分宣传和理解。此外，专业应建立评价制度，定期检查和评价培养目标的达成情况，并将其作为培养方案调整的主要依据。培养目标的修订必须有行业工程技术人员参加，才能保证人才培养符合社会需求。

2018 年 9 月召开的全国教育大会在我国高等教育发展史上具有里程碑式的意义，会议总结了新中国教育改革发展的基本经验，提出教育的基本方针是：培养德智体美劳全面发展的社会主义建设者和接班人。而高等教育作为我国教育系统的塔尖以及重要组成部分，应当全面深入理解新的教育方针内涵，并在其指引下扎实推进人才培养工作。具体到测控技术与仪器专业，在思想政治和德育、体育、美育、劳育方面，一方面要遵照教育部的统一规定严格执行，另一方面也要进行适当调整，特别是美育和劳育方面的要求，要紧密结合专业的特点，将教育部的基本要求和专业特点进行有效的融合。在智育方面，作为工科特色显著的专业，应当符合国际工程教育专业认证的标准，这一点也体现在了"仪器类教学质量国家标准"中。国际工程教育专业认证发布的人才培养的基本要求如下：

1）工程知识：能够将数学、自然科学、工程基础和专业知识用于解决测控系统与仪器工程问题。

2）问题分析：能够应用数学、自然科学和工程科学的基本原理，识别、表达并通过文献研究分析测控系统与仪器工程问题，以获得有效结论。

3）设计/开发解决方案：能够设计针对测控系统与仪器工程问题的解决方案，设计满足特定需求的子系统、单元（部件）或工艺流程，并且能在设计环节中体现创新意识，考虑社会、健康、安全、法律、文化以及环境等因素。

4）研究：能基于科学原理并采用科学方法对测控系统与仪器工程问题进行研究，包括设计实验、分析与解释数据，并通过信息综合得到合理有效的结论。

5）使用现代工具：能够针对测控系统与仪器工程的问题，开发、选择与使用恰当的技术、资源、现代工程和信息技术工具，包括对工程问题的预测与模拟，并理解其局限性。

6）工程与社会：能基于工程相关背景知识进行合理分析，评价专业工程实践、测控系统与仪器工程问题解决方案对社会、健康、安全、法律以及文化的影响，并理解应承担的责任。

7）环境和可持续发展：能理解和评价针对测控系统与仪器工程问题的专业工程实践对环

境、社会可持续发展的影响。

8）职业规范：具有人文社会科学素养、社会责任感，能在工程实践中理解并遵守工程职业道德和规范，履行责任。

9）个人和团队：能在多学科背景下的团队中承担个体、团队成员或负责人的角色。

10）沟通：关注行业发展，了解测控技术的发展趋势，能就测控系统与仪器工程问题与业界同行及社会公众进行有效沟通和交流，包括撰写报告和设计文稿、陈述发言、清晰表达或回应指令；并具备一定的国际视野，能在跨文化背景下进行沟通和交流。

11）项目管理：理解并掌握工程管理原理与经济决策方法，并能在多学科环境中应用。

12）终身学习：具有自主学习和终身学习的意识，有不断学习和适应发展的能力。

之所以按照工程教育专业认证的标准进行要求，一方面是因为 2016 年我国加入了《华盛顿协议》，作为国际工程师互认体系的六个协议中最具权威性的协议，国际上公认其国际化程度较高、体系较为完整；另一方面，我国的高等教育如果想从跟跑实现领跑，首先需要贯彻执行现有的国际标准，并且在执行过程中结合中国高等教育的特点进行丰富和完善。

因此，参照《华盛顿协议》的要求制定的我国工程教育认证标准，是能够代表国际高等教育的水平和发展方向的，并且在接下来的实践中是有可能通过摸索，探索出适合中国特点的专业认证体系并在世界范围内施加影响的，所以按照这个标准对测控技术与仪器专业人才培养目标进行要求，是适当的和合理的，也具有前瞻性。

2.1.2　知识结构与知识体系

培养目标是纲，知识体系是目。一方面，纲举才能目张，因此培养目标的要求必须明确而且可操作，这已经在上面进行了论述；另一方面，没有目的支撑，也不可能将人才培养目标的要求落到实处，因此知识体系的设计与执行非常重要。

测控技术与仪器专业的知识结构一方面涉及数学、物理学、化学、生物学、计算机科学、材料学、信息学、工程学等多学科领域的基础知识；另一方面自身也具备一套完备的专业知识体系，包括传感器、仪器设计、误差分析、信号处理、计量检测等，是一个典型的学科交叉专业，并且具备广泛的应用背景。

在"仪器类教学质量国家标准"中，对专业知识体系的设计思想也进行了阐述，主要包括通识类知识、学科基础知识和专业知识三大类，如下所述：

1. 通识类知识

1）人文社会科学：思想政治理论、外语、文化素质（法律、经管、社会、环境、文学、历史、哲学等）、军事、健康与体育等。

2）数学与自然科学：高等数学、物理、程序设计基础等，专业可根据自身特点增加化学和生物等方面的课程。

2. 学科基础知识

学科基础知识涉及以下知识领域：电子信息技术基础、机械工程技术基础、计算机及控制技术基础、光学工程技术基础。专业应根据自身特点有机组织，保证有利于构建测控系统与仪器设计、实现和应用的基本知识体系，支撑专业学习。

3. 专业知识

专业知识领域以准确、可靠、稳定地获取信息为主线，主要包括：传感器及检测技术基础、测量理论与控制技术基础、信号分析与数据处理技术基础、测控总线与数据交互技术基础、系统设计与仪器实现技术基础。专业应根据自身特点有机组织，保证学生掌握测控系统与仪器智能化、网络化、集成化实现所需的知识基础和思想方法，受到现代技术集成应用技能的基本训练。

可以看到，由于测控技术与仪器专业显著的学科交叉特性，各个学校面向的领域和对象不同，知识体系的组成会有不同，因此在标准中既对共性基础知识做了要求，也对个性需求做了引导性的描述，便于各个学校按照自己的特点构建完整的知识体系，兼顾了基础性和灵活性两方面的要求。

知识体系在教学过程中的实现就是课程体系，围绕知识体系中的共性基础部分，"仪器类教学质量国家标准"中提出了课程体系的构建原则，即课程体系应有利于构建满足测控系统与仪器设计、实现及工程应用需求的基本知识体系和组织基本技能训练，体现专业定位和特点，支持培养目标达成。课程体系参考框架如图 2-1 所示。对于主要教学环节的学分比例建议如下：人文社会科学类课程大于 15%，数学与自然科学类课程大于 15%，学科基础、专业基础和专业课大于 30%，实践教学（包括毕业设计）大于 25%。

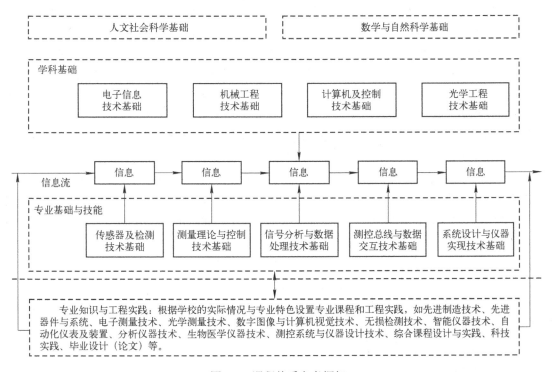

图 2-1　课程体系参考框架

从图中可见，通识类知识的课程要求比较明确，包括人文社会科学基础和数学与自然科学基础，这个规定动作需要规范统一。学科基础知识的课程搭建了基本框架，要求专业围绕光、机、电、计算机及控制四个方向设置必修课程，这个符合专业特点，作为学科交叉的专业，需要相对宽泛的学科基础，因此在四个方向做出基本要求，至于每个方向下的课程设置由各个学校灵活把握，在满足共性学科基础课程框架的基础上，给予了各个学校一定的灵活性。专业知识的课程设计则更加灵活，一方面要求沿着信息流的主线，即信息获取、信息处理、信息传输、信息利用，来设置必修课程，这主要是考虑到本专业属于信息大类的基本特点，确保本专业学生掌握和理解信息流动的整体框架；另一方面各个学校可以根据自己学校的定位和特色，设置专业课程和工程实践课程，能够充分体现出不同学校测控技术与仪器专业的人才培养特色。因此图 2-1 所示的课程体系框架，既保障了测控技术与仪器专业学生基本知识体系和基本技能训练的达成，又能够充分体现出不同学校专业定位和特点的差异，将基础性和灵活性兼顾的课程体系设计思想落到了实处。

2.1.3　创新与实践能力培养

创新是一个国家的力量之源，发展之基。在我国《国家中长期教育改革和发展规划纲要（2010—2020 年）》中，明确了这十年我国高等教育的主要任务之一就是要培养大量创新型科技人才。由此可见，我国高等教育培养的创新能力主要就是指科技创新能力，那么，应当如何设计大学阶段的相关教学环节以实现培养目标呢？

在《辞海》中对"创新"一词做了定义，即抛开旧的，创造新的。定义本身并没有限定是否一定与科学技术相关，只要是对过去所采用的理论、方法、模式、环境、组织形态、运行机制等进行的变革，都可以称之为"创新"，如"科技创新""知识创新""制度创新""组织创新"等。对于高校理工科教育而言，"创新"通常是指有关科学技术的所有发现、发明、创造，因此主要是指"科技创新"。对科技创新的内涵最早进行定义的是美籍奥地利经济学家熊彼特，他于 1912 年首次提出："创新是指新技术、新发明在生产中的首次应用，是指建立一种新的组合"。之后科技创新的内涵不断丰富和发展，现在比较一致的看法是：科技创新不仅需要新思想的出现和新技术的发明，还必须包括新技术发明的经济应用。依据这个标准，当前我国高等教育在科技创新能力培养方面的不足是什么？针对不足，科技创新能力的培养如何提升和完善，从而适应国际工程教育改革的发展方向呢？

一般意义上认为，科技创新的本质是突破，突破思维定式和陈规旧律；科技创新的目的是发展，满足人类社会不断发展的需要。因此，科技创新具有继承性、求异性、超前性、灵活性、风险性、实践性等基本特点，其中与高等教育密切相关的就是实践性。因为实践是科技创新的平台，科技创新归根结底是一种实践活动，只有在实践过程中才能发现新问题、提出新思路、检验新方法、产生新产品、评价新成果，因此在创新型人才培养的过程中，如何建立完备的实践教学体系，对于科技创新能力的培养至关重要。

在"仪器类教学质量国家标准"中，要求专业应建立完备的实践教学体系，适应培养目标的要求，主要实践性教学环节包括工程训练、实验课程、课程设计、生产实习、科技创新活动、毕业设计（论文）等。其中：

1）工程训练：通过认知实习、金工实习、电子工艺实习、机电综合训练等系统的工程训练提高工程意识和动手能力。

2）实验课程：利用认知性、验证性、综合性和设计性实验等多种形式和多样性内容，培养学生实验设计、实施、调试、测试和数据分析的能力。

3）课程设计：专业主干课程应设置课程设计环节，培养学生对测量控制和仪器工程问题进行表达、分析和评价的能力。

4）生产实习：建立相对稳定的实习基地，使学生认识和了解仪器设计、制造过程，了解主要生产装备的工作过程、功能、技术特点和适用范围，了解主要生产工艺流程，了解相关企业的生产组织方式和管理流程，了解典型仪器和测控系统的原理、组成、功能及其应用。

5）科技创新活动：引导学生参加科技实践活动，培养学生的创新意识、实践能力和团队精神。

6）毕业设计（论文）：建立与毕业要求相适应的质量标准和保障机制，引导学生完成毕业设计的选题、调研、文献综述、方案论证、系统设计、实验验证、性能分析、工作交流、论文撰写等训练环节，涵盖本专业基本技能训练要素；加强工程素质训练，培养学生综合运用所学知识分析和解决实际问题的能力。

完备的实践体系是培养具有创新意识的高素质工程技术人员的重要环节，是理论联系实际、培养学生掌握科学方法和提高动手能力的重要平台，也是支撑培养学生科技创新能力的重要支柱。

在我国高等教育处于"精英教育"的阶段时，虽然条件艰苦，但是高校在科技创新能力的培养方面锐意改革、敢于实践，开展了大量的工作，培养出上千万的工程科技人才，有力支撑了我国工业体系的形成与发展，为我国国民经济的恢复和发展做出了突出贡献。但是，随着高等教育逐步走入"大众教育"的阶段，急剧增加的学生数量对于高校的教学资源提出了更高的要求，特别是对学生进入企业一线开展生产实践提出了严峻的挑战，带来的后果就是高校的实践教学与企业需求脱节，学生的工程实践与科技创新的成果缺乏在企业实际应用的考核。也就是说，学生的科技创新成果体现出了新思想或者新技术的发明，但是在应用层面上的考核与反馈略显不足，并不是一个完整意义上的科技创新能力培养过程，这就是前面提到的我国高等教育在科技创新能力培养方面存在的不足。

教育部也深刻认识到了问题的严重性，并提出了针对性的建设方案，即"卓越工程师教育培养计划"。2010 年 6 月 23 日，教育部在天津大学召开启动会，联合有关部门和行业协（学）会，宣布共同实施"卓越工程师教育培养计划"，主要特点包括三个：①行业企业深度参与培养过程；②学校按通用标准和行业标准培养工程人才；③强化培养学生的工程能力和创新能力。通过近十年的努力，建设成效显著，在总结建设经验的基础上，并结合新工科建设的时代背景，2018 年 9 月 17 日，教育部、工业和信息化部、中国工程院发布《关于加快建设发展新工科实施卓越工程师教育培养计划 2.0 的意见》，提出建设一批新型高水平理工科大学、多主体共建的产业学院和未来技术学院，建设产业急需的新兴工科专业，建设体现产业和技术最新发展的新课程，培养一批工程实践能力强的高水平专业教师等系列举措，以持续深化工程教育改革。"卓越工程师教育培养计划"的核心其实就是高等学校和行业企业的深度融合，通过双方的共同努力，加快培养适应和引领新一轮科技革命和产业变革的卓越工程科技人才，打造世界工程创新中心和人才高地，提升国家硬实力和国际竞争力。

综上所述，对于测控技术与仪器专业这个工程实践特色突出的专业来讲，创新与实践能力的培养是基础、是根本，必须在大学阶段得到高度重视和坚决执行。

2.2　通识类课程的知识体系

通识教育是教育的一种，这种教育的目标是：在现代多元化的社会中，为受教育者提供通行于不同人群之间的知识和价值观。进一步讲，通识教育是一种高等教育的理念，泛指对大学生进行的非职业性教育，目的在于培养积极参与社会生活、有社会责任感、全面发展的社会的人和国家的公民。培养过程中只有依托相应的课程才能贯彻实施，一般包括人文社会科学类课程、数学与自然科学类课程以及工程技术与实践类课程。

2.2.1　人文社会科学类课程

人文社会科学包括人文科学和社会科学，前者重点研究人类的精神世界以及沉淀的精神文化，后者则重点研究宏观的社会现象。大学阶段的人文社会科学类课程主要是围绕毕业要求中对人文素养、社会责任、职业素养等方面的要求而设置的，其主要目的是让学生在从事专业相关的工程实践及解决复杂工程问题时，能够考虑到经济、环境、法律、伦理等各种制约因素的影响，下面就对涉及的相关课程进行概要介绍。

1. 马克思主义政治经济学

马克思主义政治经济学是马克思主义理论体系的重要组成部分。马克思主义政治经济学深入研究了社会经济运动的一般规律，深刻分析了资本主义再生产过程及其内在矛盾，科学论证了社会主义必然代替资本主义的历史趋势，总结了社会主义革命、建设和改革的基本经验，为我们认识当代资本主义和社会主义提供了基本立场、观点和方法，为建设中国特色社会主义提供了科学的理论指导。

该课程是大学生公共政治理论课的重要组成部分，主要涉及马克思主义政治经济学的创立和科学地位，马克思主义政治经济学的研究对象、研究任务和研究方法，劳动二重性理论，商品经济的一般规律，剩余价值理论，资本循环与周转理论以及社会资本再生产的理论，社会主义生产关系的实质和经济制度，社会主义市场经济体制和经济运行，经济全球化与国际关系等内容。

通过课程学习，一方面，引导和帮助学生运用马克思主义的立场、观点和方法去分析和解决问题，认识社会发展的一般规律；另一方面，教育学生辩证地看待资本主义经济的现状和发展趋势，认清资本主义经济实质及其在当代的新特征，懂得资本主义必然为社会主义所代替的历史规律，同时，要使学生掌握基本的经济理论和主要的经济规律，坚定为建设中国特色社会主义而奋斗的理想和信念。

2. 马克思主义哲学

马克思主义哲学把作为现存世界基础的人类劳动实践活动，以及从劳动实践出发科学地概括现存世界发展的普遍规律，正确处理人和自然的关系、正确处理人和社会的关系、正确处理人和人的关系确定为自己的研究对象，在劳动实践基础上实现了辩证法、认识论和逻辑学的高度一致，使之成为以劳动实践为基础的唯物主义和辩证法、唯物辩证的自然观和历史观高度统一的科学世界观和方法论。马克思主义哲学将改变世界作为历史使命，是在劳动实践基础上的科学性和革命性高度统一的无产阶级哲学，是具有内在活力的、开放的、在劳动实践中不断发展的学说。

通过课程学习，学生可以了解到马克思主义哲学理论和学说的基本内容，进而逐步培养起学生的理性精神和批判意识，主要包括追求真理的科学精神，怀疑一切的批判意识，理性反思的思维习惯，严谨求证的逻辑素养。课程也期望在知、情、意、行诸方面培养学生的人文情怀，特别是弱势社群关切情怀，使学生形成理性审视资本、市场和社会的态度，形成追求公平正义的世界观、人生观和价值观。通过马克思主义哲学理论的学习，大学生最终成为马克思主义哲学理论的发展者、社会主义事业实践的继承者。

3．毛泽东思想概论

毛泽东思想概论是从中国革命史演变而来的，课程主要目标是进行毛泽东思想基本原理的教育，帮助学生理解毛泽东思想是马列主义同中国实际相结合的第一次历史性飞跃的伟大成果，掌握毛泽东思想的主要内容和活的灵魂，懂得中国近现代社会历史发展和革命运动的规律，认清只有在中国共产党的领导下，坚持社会主义道路，才能救中国和发展中国。

课程从总纲开始，概要论述毛泽东思想的形成和发展过程，以及毛泽东思想的科学体系，毛泽东和毛泽东思想的历史地位；其余各章是目，是总纲的展开，分别从新民主主义革命总路线、农村包围城市武装夺取政权道路、统一战线、人民民主专政、社会主义改造、社会主义建设、党的建设等各个侧面来具体论述毛泽东思想的各方面内容。纲举目张，通过毛泽东思想的发展历程及其在新民主主义革命、社会主义建设和发展过程中发挥出来的战无不胜的作用，让学生深刻认识到没有共产党就没有新中国是历史发展的必然。

4．邓小平理论概论

邓小平理论是贯通哲学、政治经济学、科学社会主义等领域的科学体系，包含着丰富的内容，主要有：关于社会主义思想路线的理论；关于社会主义本质和社会主义发展道路的理论；关于社会主义发展阶段的理论；关于社会主义根本任务的理论；关于社会主义建设发展战略的理论；关于社会主义发展动力的理论；关于社会主义国家对外开放的理论；关于社会主义政治、经济体制改革的理论；关于社会主义建设政治保证的理论；关于社会主义国家外交战略的理论；关于祖国统一的理论；关于社会主义事业依靠力量的理论；关于社会主义国家军队和国防建设的理论；关于社会主义事业领导核心的理论。

课程主要是进行建设中国特色社会主义理论与实践的教育，帮助学生理解邓小平理论是马克思主义同当代中国实际和时代特征相结合的产物，是毛泽东思想的继承和发展，是马克思主义在中国发展的新阶段。掌握邓小平理论的科学体系和精神实质，对于重点搞清楚什么是社会主义、怎样建设社会主义这个根本问题，对于认识社会主义的本质和社会主义建设的规律，认识我国现在处于并将长期处于社会主义初级阶段的基本国情，对于增强高举邓小平理论伟大旗帜、执行党的基本路线和基本纲领的自觉性和坚定性具有重要作用。

5．法律基础

法律基础是高等学校学生必修的一门德育课程，旨在对学生进行有关法律基础知识和社会主义法制的教育。其主要任务是使学生了解和掌握与自己生活密切相关的法律知识，增强法律意识，树立法制观念，提高辨别是非的能力；不仅做到自觉守法、依法办事，而且还能积极运用法律武器维护自身合法权益，依法同各种违法犯罪行为做斗争，成为具有较高法律素质的公民。

课程的总体目标为：教育学生了解宪法、行政法、民法、经济法、刑法、诉讼法中与学生关系密切的有关基础知识，初步做到知法、懂法；指导学生提高对有关法律问题的理解能力，对是与非的分析判断能力，以及依法律己、依法做事、依法维护权益、依法同违法行为做斗争的实践能力；培养学生树立法制观念，增强适应依法治国所必需的法律意识，提高思想政治素质。

6．军事理论

军事理论是普通高等学校的一门必修课，军事理论教育及国防教育既是全民教育的重大课题，也是高等教育的重要组成部分。课程是以马克思列宁主义、毛泽东思想、邓小平理论等理论中关于国防与军队建设的重要论述为指导，按照教育要面向现代化、面向世界、面向未来的要求，适应我国人才培养的战略目标和加强国防后备力量建设的需要，为培养高素质的社会主义事业的建设者和保卫者而服务。

通过课程学习，提高学生的思想政治觉悟，激发爱国热情，增强国防观念和国家安全意识；通过爱国主义、集体主义和革命英雄主义教育，增强学生的组织纪律观念，培养学生的艰苦奋斗的作风，提高学生的综合素质；使学生掌握基本的军事知识和技能，为中国人民解放军培养后备兵员和预备役军官、为国家培养社会主义事业的建设者和接班人打好基础。

7. 思想道德修养

思想道德修养是一门综合性较强的思想品德课程。课程以马克思主义、毛泽东思想、邓小平理论等为指导，以人生观、价值观和道德观教育为主线，以伦理学、教育学、心理学等相关学科为依托，按照大学生成长发展的规律，循序渐进地进行教育和启发，力求提高大学生的思想道德素质。

通过课程的学习，使学生全面了解思想道德修养的基本理论和基本观点，掌握其精神实质，深刻认识到中国走社会主义道路的必然性，真正认识到我们社会所倡导的以集体主义为核心的人生价值观与人类社会真、善、美相统一的终极价值目标的指向是相吻合的，并能真正理解这种人生价值观的意义。要注重理论联系实际。不仅要掌握其基本理论和观点，而且还要注重运用这些观点，分析认识现实问题，理论联系实际，在比较与鉴别中学习。要注重知行统一，在践履中学习。坚持从自己做起，从现在做起，边获知边践履，在践履中进一步加深对"知"的理解和认识，从而不断提高思想道德境界，达到完善自身的目的。

8. 大学生心理健康教育

对于大学生来说，发展自我是其面临的重大任务。大学生除了学习专业知识外，还要学会面对现实、自我调适，有效地应对生活中发生的变故，积极地面对各种压力事件。大学生只有树立这种意识，才能够主动地调节自身，让自己的内心变得更加充实，从而拥有更高的幸福感。

课程主要内容包括：大学生心理健康导论、心理咨询、心理困惑及异常心理、自我意识与培养、人格发展与完善、学习心理、职业生涯规划、情绪管理、人际交往、性心理及恋爱心理、压力管理与挫折应对、生命教育与心理危机应对等，同时结合学生实际和工作实际对大学生调适不良心理、克服心理障碍提出了对策建议。

课程以"大学生的心理健康"为研究对象，以心理学的科学原理和方法为基础，根据大学生的身心特点来引导大学生关注自身的心理健康、精神成长。从"引导学生客观认识自我，树立正确的价值观、增强调控自我、适应环境的能力"等方面着手，培养大学生健全的人格和良好的个性心理品质；对少数心理困惑或存在心理问题的学生提供帮助，促使大学生开发自我的心理潜能，促进学生积极主动自我发展。

9. 现代企业管理

该课程是介绍现代企业管理基本知识和基本特征、运作规律、管理方法的一门学科，具有综合性和应用性的特点。其主要内容包括企业与企业管理概论、组织管理、资源管理、运作管理、企业创业与创新管理等内容。

现代企业管理的教学目的在于通过学习现代企业管理的基本思想和基本方法，使得学生具有企业管理人员的基本素质、掌握企业管理的基本思想、增强企业管理的基本意识，包括掌握现代企业及管理的基本特征，现代企业的组织结构，现代企业管理的发展趋势，企业战略管理、市场营销、财务管理、生产管理、质量管理、人力资本管理、物流管理、管理信息系统和创业企业管理等基本内容，能用所学的知识，分析现实经济生活中的有关企业管理的一些现象，具备初步解决企业管理实际问题的能力。

10．形势与政策

形势与政策主要是为帮助学生全面正确地认识党和国家面临的形势和任务，拥护党的路线、方针和政策，增强实现改革开放和社会主义现代化建设宏伟目标的信心和社会责任感而设置的课程。课程紧跟时代发展、心系教育责任、纵观国情时局，涵盖国内政治、经济、文化、法制、外交和党的建设，以及全球贸易和大国关系。

课程的内容设置以及教学方式具有很强的灵活性，各个学校可以根据自身的特点进行安排。但是课程的目标是不变的，主要包括以下几点要求：

1）引导和帮助学生掌握认识形势与政策问题的基本理论和基础知识，学会正确的形势与政策分析方法，特别是对我国的基本国情、国内外重大事件、社会热点和难点等问题的思考、分析和判断能力，使之能科学预测和准确把握形势与政策发展的客观规律，形成正确的政治观。

2）帮助学生深入地学习和研究邓小平理论、"三个代表"重要思想、科学发展观和习近平新时代中国特色社会主义思想，培养学生理论联系实际的作风，鼓励学生积极投身社会实践，通过实践体会党的路线、方针、政策的正确性，清晰了解我国改革开放以来形成并不断发展、完善的一系列政策体系，树立正确的世界观、人生观和价值观。

3）帮助学生了解高等教育发展的现状和趋势，对就业形势有一个比较清醒的认识，树立正确的就业观。

2.2.2　数学与自然科学类课程

数学是研究数量、结构、变化、空间以及信息等概念的一门学科，也是学习和研究现代科学技术必不可少的基本工具。自然科学是以自然界为研究对象的科学，包括研究自然界物质的各种类型、状态、属性以及运动形式。测控技术与仪器是典型的工科专业，一方面必须遵循自然界的客观规律研制仪器，另一方面又会通过仪器的研制与应用来进一步认识和改造自然界，因此必须设置相应的数学与自然科学类课程以满足培养目标和毕业要求的达成，主要包括数学类和物理类课程，部分学校还会有化学类课程和计算机类课程的要求。

1．高等数学

高等数学是高等院校工科专业学生一门必修的重要基础理论课，是培养高层次人才所需的基本课程。课程旨在培养学生分析和解决问题的能力，培养学生具备抽象思维和逻辑思维的能力，为学生进一步学习后续课程打下扎实的基础。

通过课程学习，使学生能够理解函数极限和连续、一元函数微分学、一元函数积分学、多元函数微积分、微分方程、向量代数与空间解析几何、曲线积分与曲面积分、重积分、无穷级数等方面的基本概念、基本理论和基本运算技能，并掌握解决科学研究与工程实践问题所必备的数学方法。

在传授知识的同时，通过各教学环节逐步培养学生具备抽象概括问题的能力、逻辑推理能力、空间想象能力和自学能力，以及综合运用所学知识分析问题、解决问题的能力。注重理论联系实际的原则，使学生认识到数学来源于实践又服务于实际，从而有助于学生树立辩证唯物主义观点。

2. 线性代数

由于线性问题广泛存在于科学技术的各个领域，某些非线性问题在一定条件下可以转化为线性问题，尤其是在计算机日益普及的今天，解大型线性方程组、求矩阵的特征值与特征向量等已成为科学技术人员经常遇到的课题，因此学习和掌握线性代数的理论和方法是掌握现代科学技术以及从事科学研究的重要基础和手段，同时也是实现测控技术与仪器专业培养目标的必备前提。

线性代数是高等院校工科专业学生必修的一门基础理论课。它是以讨论有限维空间线性理论为主，具有较强的抽象性与逻辑性。通过本课程的学习，使学生系统地获得线性代数中的行列式、矩阵、线性方程组、矩阵和向量组的秩、矩阵的特征值和特征向量等方面的基本概念、基本理论和基本方法，培养学生独特的代数思维模式和解决实际问题的能力，同时使学生了解线性代数在经济方面的简单应用，并为学生学习后续课程及进一步扩大数学知识面奠定必要的数学基础。

3. 概率论与数理统计

概率论与数理统计是研究随机现象客观规律性的一门学科，是工科专业本科阶段一门通识数学学科；它有着深刻的实际背景，在自然科学、社会科学、工程技术、军事和工农业生产等领域中有广泛的应用。概率论是从数学模型出发来推导实际模型的性质，数理统计从观察资料出发来推断模型的性质，它们在实际生活中有着广泛的应用。

课程内容主要包括随机事件及其概率，一维随机变量，多维随机变量及随机变量的数字特征，大数定律与中心极限定理，数理统计基本概念，参数估计，假设检验等。通过课程学习，学生应当掌握概率论与数理统计的基本概念、基本理论和方法，并掌握处理随机现象的基本思路和方法，从而具备运用概率统计方法分析和解决实际问题的能力。同时这门课程的学习对培养学生的逻辑思维能力、分析解决问题能力也会起到一定的作用。

4. 大学物理及物理实验

物理学是研究物质的基本结构、相互作用和物质最基本、最普遍的运动方式及其相互转化规律的学科。物理学的研究对象具有极大的普遍性。它的基本理论渗透在自然科学的一切领域，应用于生产技术的各个部门，它是自然科学的许多领域和工程技术的基础。本课程所教授的基本概念、基本理论、基本方法和实验技能是构成学生科学素养的重要组成部分，是一个科技工作者所必备的物理基础。因此，大学物理课是高等学校工科各专业学生的一门重要的必修基础课，多数学校还配有专门的物理实验课程，两门课程相结合能够培养学生理论联系实际、综合运用知识分析和解决问题的能力，并达到如下目标：

1）使学生树立正确的学习态度，对物理学的基本内容有较全面、较系统的认识，初步掌握学习科学的思想方法和研究问题的方法，培养独立获取知识的能力，对于开阔思路、激发探索和创新精神、增强适应能力、提高人文素质具有重要作用。

2）使学生对课程中的基本概念、基本理论、基本方法能够有比较全面和系统的认识和正确的理解，并具有初步应用的能力。

3）培养学生实事求是的科学态度以及辩证唯物主义的世界观，培养学生的爱国主义思想，了解各种理想物理模型并能根据物理概念、问题的性质和需要，抓住主要因素，略去次要因素，对所研究的对象进行合理的简化。

4）培养学生基本的科学素质，使之能够独立地阅读相当于大学物理水平的教材、参考书和文献资料，为学生进一步学习专业知识、掌握工程技术以及今后知识的更新打下必要的物理学基础。

5）帮助学生掌握科学思维的方法和研究问题的方法，使其学会运用物理学的原理、观点和方法，研究、计算或估算一般难度的物理问题，并能根据单位、数量级和已知典型结果，判断结果的合理性。

6）培养学生综合运用知识的能力，并打下在生命科学研究中或生产实践中运用物理学的原理、方法和手段解决问题的基础，增强学生毕业后对所从事工作的适应能力。

5. 计算机文化基础

计算机文化基础是本科非计算机专业学生的必修基础课，是一门理论与实践紧密结合的课程。本课程是学习计算机的入门课程，它为今后进一步学习计算机相关技术及应用打下了理论基础，因此对于学生掌握计算机应用的能力是十分重要的。

通过课程学习，学生应了解计算机系统的组成和计算机基础知识，掌握计算机病毒的防治与计算机的多媒体技术；掌握 Windows 操作系统的基本操作，能通过窗口操作，熟练地完成文件和磁盘的访问，从而实现软硬件功能；通过对 Word、Excel 等办公软件的学习，学生能够熟练地掌握文件、信函、表格和演示文稿的录入、编辑、修改、存储等操作方法，使用目前流行的办公应用软件，完成各种办公任务；掌握计算机网络的基础知识及 Internet（因特网）的基本应用。在学习中，重点培养学生的动手能力、理论与实践紧密结合的能力。

2.2.3　工程技术与实践类课程

人文社会科学类课程和数学与自然科学类课程是通识教育的重要组成部分，但是对于测控技术与仪器这样的工科专业来讲，还应当在通识教育中加入工程技术与实践类课程，以在专业基础课程之外，搭建起一座基础理论知识和工程实践应用的桥梁，这座桥梁和专业基础课程搭建起的专业应用桥梁相结合，才能使学生具备完整的解决实际问题的能力。

1. 工程数学

工程数学是工科类专业的基础课程。本课程是在学生完成高等数学基本知识、基本理论和基本方法的学习基础上，进一步扩充在后续课程的学习和今后实际工作中必须具备的数学学科的基本知识、基本理论和基本方法，使学生初步掌握复变函数、积分变换、数学物理方程等内容的基本概念和基本方法，培养学生具有一定的抽象思维和概括能力，提高学生综合运用所学知识分析和解决实际问题的能力以及自学能力，使学生具有较高的学习专业理论的素质。

多数高校工程数学课程主讲复变函数与积分变换。通过课程学习，学生不仅能够学到复变函数与积分变换的基本理论和数学物理及工程技术中常用的数学方法，同时还可以巩固和复习高等数学的基础知识，提高数学素养，为学习有关的后续课程和进一步扩大数学知识面奠定必要的数学基础。

2. C 语言程序设计

随着科技发展和人工智能时代的来临，计算机中程序设计具有越来越重要的地位。C 语言程序设计是程序设计者的入门语言，它使学习者更能容易理解，当然它也能设计出一些高级的应用软件和系统软件。C 语言程序设计还能帮助学生学习其他计算机语言，如我们熟悉的 Java 语言、VB 语言的设计，因此 C 语言是初学者必备的程序语言。

课程内容主要包括：算法流程，数据类型、运算符与表达式，最简单的 C 程序，逻辑运算和判断选取控制，循环控制，数组，函数，指针，结构体与共用体，位运算，文件等。通过课程学习，期望学生能够基本掌握和运用 C 语言及结构化程序设计的思想和方法，并且具备应用和操作计算机的能力，具备应用软件开发的基本能力。

作为一门工程实践类课程，在课程的教学过程中，通过实践教学环节培养学生掌握利用计算机进行工程开发的概念、流程框架和基本描述方法，培养学生自主运用计算机解决实际问题的能力，从而为后续专业课程的学习提供基本计算工具。

3．工程认识

工程认识是对全体大学新生进行工程启蒙，普及基本工程知识，初步建立工程概念，激发兴趣和好奇心，引导学生走向工程职业的入门课程。由于各个高校的特点不同，以及工程领域自身具备广阔性的特点，因此不同学校工程认识课程的内容设置会有所差异，但是这并不影响该课程的特点和性质，而且随着工程教育认证的理念得到越来越广泛的认可，该课程的重要性反而会日益凸显。

以哈尔滨工程大学的工程认识课程为例。学校按照工程教育认证的要求，重新梳理了课程目标与教学要求。工程认识课程目前共开设有导论、机械结构认识、控制系统认识、工程材料及材料成型认识、机械制造与工程管理认识、机电一体化系统认识、工程认识集成等教学内容。期望通过教学设计和实施达到以下教学要求：

1）了解工程内涵以及工程技术的作用，理解工程活动的核心是"造物"，是系统、技术集成与创新的产物，理解工程与人、社会以及环境之间的关系，初步建立工程概念。

2）了解机械系统、控制系统的组成、特点及作用，并初步体验相应简单机电一体化系统的选择、构建和实施过程。

3）了解常用工程的材料性能、用途以及机械制造技术的特点和工程应用，初步建立生产工艺、设备和质量概念。

4）了解工程管理中成本、质量、进度、安全和环保等基本要素，初步建立工程管理意识和职业道德意识。

5）基于装备制造的基础工程知识的学习与实践，能够初步表述分析解决工程问题的思路和方法。

4．金工实习

金工实习又叫金属加工工艺实习，是一门工程技术实践类基础课程，是学生了解机械加工生产过程、培养实践动手能力和工程素质的必修课程。

对于测控技术与仪器这样的非机械类专业来讲，课程是专业教学计划中重要的实践教学环节，课程内容包括车工、铣工、特殊加工（线切割、激光加工）、数控车、数控铣、钳工、砂型铸造等机械加工环节，不仅使学生能够对传统机械制造工艺全面了解，对现代机械制造技术也能够有初步的认识。通过课程学习，期望达到以下教学要求：

1）了解工业生产中机械零件制造的一般过程。对学生进行基本操作技能的训练，使学生了解机械零件的常用加工方法、所用主要设备的工作原理、工夹量具的使用以及安全操作技能。

2）了解机械制造的基本工艺知识和一些新工艺、新技术在机械制造中的应用，了解工业产品制造的全过程。

3）培养学生的工程意识、动手能力、创新精神，提高综合素质。通过金工实习，使学生养成热爱劳动和理论联系实际的工作作风，拓宽知识视野、增强就业能力。

5. 电子工艺实习

电子工艺实习是理论与实践教学紧密结合的课程，是理论指导实践、实践检验理论的实践性很强的重要教学环节，是科学研究工作的基础和手段，是测控技术与仪器专业实践性很强的一门必修工程实践课。

课程以实践环节为主，根据课程的性质、任务、要求及学习的对象，将课程内容分为两部分：理论讲授和技能实训。理论讲授主要是对学生电子设计与制作的科学思想、基本常用的方法及电子产品的生产工艺和管理工艺进行介绍。技能实训内容主要包括基础技能实训和综合技能实训，内容设置上每个学校各不相同。以北京邮电大学为例，课程教学时间为两周。第一周主要学习电子工艺基础知识，并实际动手进行焊接练习和完成电子产品，强调动手实践的重要性，并调动学生的积极性。第一周要达到以下教学要求：使学生熟悉手工焊接中常用工具的使用；基本掌握手工电烙铁的焊接技术，能够独立完成简单电子产品的安装与焊接；熟悉常用电子元器件的类别、符号、规格、性能及其使用范围，能查阅有关的电子器件图书；能够熟练使用数字万用表；了解电子产品的焊接、调试方法。第二周则主要学习单片机编程的相关知识和智能小车的程序控制，根据传感器的安装方式，进行单片机 I/O 口的控制，实现小车自动循迹程序的编写，并将程序烧录到智能小车电路板上进行小车的自动循迹。在此期间，增强学生独立分析问题、编写程序、使用已有知识解决实际问题的能力。

通过课程学习和实践训练，巩固和加深学生对基础理论知识和基本概念的理解，提高学生实际动手和解决问题的能力，培养学生初步的工程设计能力和创新意识，有助于学生养成严谨、踏实、科学的工作作风，从而提高学生解决实际问题的能力和素质。

2.3　学科基础课程的知识体系

测控技术与仪器专业作为交叉特点明显的专业，需要储备相对宽泛的学科基础知识。按照"仪器类教学质量国家标准"的要求，学科基础知识体系包括光学工程技术基础、机械工程技术基础、电子信息技术基础、计算机及控制技术基础四大类的要求，因此需要围绕光、机、电、计算机及控制四大类设置相应的课程，为后续学习专业基础课程和专业课程打下基本理论和基本技能的基础。

2.3.1　光学工程技术基础课程

1. 工程光学

工程光学课程是测控技术与仪器专业的一门学科基础课，主要介绍几何光学的基础理论、基本方法和典型光学系统的设计及应用，包括：几何光学的基本定律和成像概念；理想光学系统的物像关系、光学参数和组合分析；透镜、平面镜、平行平板、棱镜等光学元件的成像特性；光学系统中的光阑、光束限制和景深；光度学和色度学的基本原理；光线的光路计算和像差理论；典型光学系统（眼睛、放大镜、目镜、显微镜系统、望远镜系统、摄影系统、投影系统等）的结构、工作原理、成像特点和设计要求。

通过课程的学习，使学生能够对光学的基本概念和基本原理有较为深刻的认识，掌握透镜、平面镜、棱镜等光学元件的成像特性，掌握放大镜、照相机、望远镜、投影仪等典型光学系统的结构、工作原理及设计要求，具备分析和解决实际光学问题的能力，为进一步学习光电检测技术、光纤测试技术、激光技术、计算机视觉、光学仪器、光信息处理等课程储备必需的基础知识，并为以后从事光学和光电技术、仪器仪表技术、精密计量及检测技术等方面的研究工作奠定坚实的基础。

2. 光电检测技术

光电检测技术是光学与电子学技术相结合而产生的一门新型检测技术，是利用电子技术对光学信息进行检测，并进一步传递、存储、控制、计算和显示。光电检测技术是现代检测技术最重要的手段和方法之一，也是测控技术与仪器专业的一门学科基础课程，学生通过本课程的学习，应当达到以下要求：

1）牢固掌握光电检测系统用到的三大基本理论（辐射与光度量、半导体物理、光电效应）和电路的基本定理，理解光电检测系统的基本构成、基本工作原理、基本结构形式，以及相关参数。

2）了解光源的基本特性参数和常用的光源，能针对待检定参数，合理选择光电检测系统中应用的光源。

3）牢固掌握光电检测器件的原理、分类、性能参数指标及其应用选择，包括半导体光电器件、光生伏特器件和光电发射器件。

4）熟悉热电检测器件的原理、分类、性能参数指标及其应用选择。

5）掌握发光与耦合器件的基本原理、结构、性能参数指标及其应用选择。

6）牢固掌握光电信号的数据采集方法及与计算机接口进行数据处理的方法，学会实际检测系统中的接口和编程。

在课程学习过程中，重点培养学生对实际光电检测系统进行分析和设计的能力，培养学生掌握从理论到生产实践应用的过程、方法及分析解决实际问题的能力，同时也为毕业后从事相关工作奠定坚实的基础。

3. 光纤传感技术及应用

光纤传感技术是伴随着光纤及光通信技术的发展而逐步形成的，已经渗透到了生活、生产的各个方面，对于光学测量特色显著的高校来讲，光纤传感技术及应用是测控技术与仪器专业的一门学科基础课程。

通过对课程的学习，使学生了解光纤中光传输和传感的基本理论及特点、常用的光纤制作材料和拉制工艺、光纤成缆技术，掌握光纤传感的强度调制、相位调制、偏振调制、波长调制、频率调制等基本原理，以及常用的传感器测量原理和典型系统构成，了解各种光纤传感正在发展的前沿课题；培养学生应用光纤传感器的基本技能，提高学生应用高科技产品的技能；增强学生的科学素养，使学生具有理论联系实际和实事求是的科学作风，努力培养面向生产第一线的高素质应用型人才，培养学生对前期学习知识的综合运用能力。

2.3.2 电子信息技术基础课程

1. 电路分析基础

电路分析基础是测控技术与仪器专业的基础课程，具有理论严密、逻辑性强的特点，对培养学生的辩证思维能力、树立理论联系实际的科学作风和提高学生分析问题解决问题的能力，都有重要的作用。课程的基本内容与要求如下：

1）掌握实际电路分析的一般步骤，建立实际电路模型化的概念，掌握实际电路模型化的处理原则，掌握实际电路具有的基本特性，具有初步的对实际电路（器件）建立电路模型的能力。

2）掌握电阻、电容、电感、独立源、受控源、互感、理想变压器等电路元件的元件约束，掌握拓扑约束（KCL、KVL），深刻理解模型电路分析方法的实质。

3）掌握电压、电流、功率、输入电阻、输出电阻、时间常数、功率因数、网络函数以及特性阻抗等参数的概念和计算方法。

4）掌握等效变换法、系统化方法（支路法、回路法、节点法）、变换域法（相量法、拉普拉斯变换法）、分解法（傅里叶级数展开法）等分析方法，能够对复杂线性电路进行分析与计算。

5）掌握重要电路定理（叠加定理、戴维南定理等），并可将其用于电路分析。

6）掌握图解法、小信号分析法，能够对简单非线性电路进行分析。

7）掌握均匀传输线方程，能够对简单分布参数电路进行分析。

8）掌握常见电工仪表工作原理，对通用电路分析软件有一定的认识。

通过课程的学习，使得学生掌握电路的基本理论知识、电路的基本分析方法以及进行电路实验的基本技能，也为模拟电子电路、数字电子电路、信号与系统、微机原理与接口技术等后续课程的学习打下基础。

2. 模拟电子技术

模拟电子技术是测控技术与仪器专业学生必修的一门重要基础课程，也是一门理论与实际密切结合的课程。课程的主要任务是通过课堂教学和实验教学相结合，使学生能够清楚地了解模拟电子技术的基本内容，掌握模拟电子技术在应用技术领域中的基本方法、基本技能，能够完成产品硬件电路的设计及应用，从而实现培养科学的思维方法、综合运用知识分析问题的能力以及解决实际问题的能力等课程培养目标，这对于养成严肃认真、实事求是的科学态度和严谨的工作作风也有支撑作用，通过促使学生在科学方法上进行初步训练，达到为后续课程的学习奠定基础、为未来的工作打下扎实基础的目标。

通过课程的学习，使学生在基本理论和基本技能方面应达到以下要求：

1）基本元器件方面：了解常用半导体二极管、三极管、场效应晶体管、线性集成电路的基本工作原理、特性和主要参数，并能合理选择和使用这些器件。

2）基本电路原理及结构方面：掌握共射放大电路、共集放大电路、差分放大电路、互补对称功率放大电路、负反馈放大电路以及集成运算放大电路的结构，理解它们的工作原理、性能及应用。

3）应用电路方面：熟悉正弦和非正弦信号产生电路、一阶有源滤波电路、整流滤波电路的结构、工作原理、性能及应用；熟悉三端稳压器件的应用；了解集成功放、集成模拟乘法器、集成函数信号发生器的应用；了解调制解调的基本概念和基本方式。

4）分析计算方面：了解单级放大电路的图解分析方法；掌握晶体管简化 H 参数微变等效电路分析方法，能估算单级放大电路的电压放大倍数、输入和输出电阻，了解多级放大电路的分析方法；掌握负反馈放大电路的类型判别，在深度负反馈条件下，掌握利用虚短或虚断估算电路电压放大倍数的方法；掌握正弦振荡条件的判断；熟悉稳压管稳压电路、串联型稳压电路的工程计算；掌握理想运放的基本运算规则、线性应用和非线性应用的分析计算方法；了解放大器频率特性和指标含义。

5）基本技能方面：初步掌握阅读和分析模拟电路原理图的一般规律，初步掌握一般模拟单元电路的设计计算步骤和方法，具有查阅电子器件手册和合理选择元器件的能力。

3. 数字电子技术

数字电子技术是测控技术与仪器专业本科生的一门重要基础课程，是现代新兴技术如计算机技术、信息技术等的基础，是一门必修课程。学习数字电子技术课程，对培养学生的科学思维能力、树立理论联系实际的工程观点和提高学生分析和解决问题的能力，具有极其重要的作用。

通过对课程的学习，学生应掌握数字电子技术的基本概念、基本原理和基本分析方法，以及典型电路的设计方法和基本的实验技能，能准确设计简单数字电路，能利用所学知识进行电子综合设计，为今后的学习和解决工程实践中所遇到的数字系统问题打下坚实的基础。具体应使学生达到下列要求：

1）掌握逻辑代数的基本定律、规则和基本公式，掌握逻辑问题的描述方法和逻辑函数的化简方法。

2）掌握常用的半导体器件的开关特性和主要参数，了解数字集成电路的结构和工作原理，掌握其性能和使用方法。掌握基本逻辑门电路的逻辑功能、特点和符号，了解逻辑门电路的结构、特性，能够根据应用正确选择数字逻辑器件。

3）掌握组合逻辑电路的分析和设计方法，掌握组合逻辑器件的功能及描述方法。了解常用组合逻辑器件的逻辑功能及特点，能够正确使用集成组合逻辑器件实现相关应用。

4）掌握触发器的逻辑功能及时序特性、逻辑符号，了解各类触发器逻辑功能转换。

5）掌握时序逻辑电路的一般分析和同步时序逻辑电路的设计方法，掌握时序逻辑器件的功能及其描述方法，了解常用时序逻辑器件的逻辑功能及特点，能够正确使用集成组合逻辑器件实现相关应用。

6）了解静态和动态存储器的基本组成结构、存储原理，掌握存储器的存储容量和字节长度的扩展方法。

7）理解可编程电路的基本单元，掌握只读存储器和可编程阵列逻辑（PAL）器件、通用阵列逻辑（GAL）器件、可擦除可编程逻辑器件（EPLD）、现场可编程门阵列（FPGA）的应用。

8）了解脉冲波形的产生和整形的概念、工作原理，了解 555 时基电路的组成，掌握 555 时基电路的三种基本应用。

9）了解数/模（D/A）和模/数（A/D）转换的基本概念和方法，掌握 R-$2R$ 电阻变换网络原理和数/模转换电路，了解常用 A/D 和 D/A 集成电路及其应用。

4. 测控电路

测控电路是测控技术与仪器专业的一门学科基础课程。测控电路不是一般意义上的电子技术课程的深化与提高，而是讲述如何在电子技术与测量、控制之间架起桥梁，使学生掌握测控电路的分析、设计和应用方法，熟悉怎样运用电子技术来解决测量与控制中的问题，实现测控的总体思想，围绕"精、快、灵"和测控任务的要求来选用和设计电路。结合检测、控制两方面进行阐述，目前正向着检测、控制电路高度融合的方向发展。

课程内容从传感器输入信号开始，再到执行机构，涉及整个测控系统各个环节的控制电路，包括信号放大电路、信号调制解调电路、信号分离电路、信号运算电路、信号转换电路、信号细分与辨向电路、逻辑控制电路、连续信号控制电路和典型测控电路分析等。通过课程学习，应该使学生达到以下基本要求：

1）了解用集成运算放大器组成的各种形式的放大电路，掌握其工作原理及运行特性，能够分析各种功能的放大电路。

2）了解信号调制、解调的功用与分类，掌握调幅、调频、调相和脉冲调制的基本原理和方法，能够正确分析其电路。

3）掌握信号分离电路的基本知识，了解 RC 有源滤波器电路、集成有源滤波器、跟踪滤波器和数字滤波器的基本电路，能够进行有源滤波器电路的设计。

4）掌握常用的信号运算电路和信号转换电路，了解直传式细分电路。

5）了解逻辑控制电路和步进电动机驱动电路。

6）掌握晶闸管工作原理，能够分析简单的单相和三相整流电路，了解逆变原理，能够分析 120°导电角控制电路。

7）了解电源的设计方法。

8）了解测控电路的设计方法。

5. 电磁场与电磁波

电磁场与电磁波是电磁学经典理论课程，是测控技术与仪器专业的基础课程。课程包括电磁场和电磁波的基本概念和基本理论。电磁场部分是在大学物理课程中电磁学部分的基础上，运用矢量分析的方法描述电磁场的基本物理概念，在总结基本实验定律的基础上给出电磁场的基本规律；电磁波部分则主要是介绍电磁波在各介质中的基本传播规律。课程内容主要包括矢量分析与场论、电磁场基本规律、麦克斯韦方程组、静态场边值问题的解法、时变电磁场、均匀平面波在无界空间中的传播、均匀平面波的反射与透射、导行电磁波、电磁辐射。

通过对课程的学习，学生应掌握麦克斯韦方程和边界条件；完整地理解和掌握宏观电磁场的基本性质和基本规律；理解和掌握平面波的传播、反射和透射；理解和掌握导行电磁波的传播特性；掌握电基本振子的辐射，了解天线的电参数以及几种常见天线的结构和工作原理。在掌握基础知识的基础上，提高学生的逻辑推理能力、分析计算能力、总结归纳能力及自学新知识的能力。课程内容的学习也将为后续的物理光学、光电检测技术、激光原理与技术等课程的学习打下良好基础。

2.3.3　机械工程技术基础课程

1. 工程图学

工程图学是一门用图形研究工程与产品图形信息表达、图形理解和图样绘制的课程。它主要研究解决空间几何问题，讲述绘制和阅读工程图样的理论和方法，课程理论严谨，实践性强，与工程实践密切相关，是普通高等院校工科专业重要的学科基础课程，是学习后续课程和完成课程设计、毕业设计不可缺少的基础。

课程内容包括画法几何、制图基础、机械图和计算机绘图四部分，一般分上、下两个学期完成。通过课程的学习，使学生在知识、能力和素质等方面达到以下要求：

1）学习和掌握正投影法的基本理论及其应用。

2）培养对空间形体的形象思维能力。

3）培养绘制和阅读机械图样的基本能力。

4）培养使用计算机软件绘图的能力。

5）培养工程意识，贯彻、执行国家标准的意识。

此外，在教学过程中还有意识地培养学生的自学能力、分析问题和解决问题的能力，以及认真负责的工作态度和严谨细致的工作作风。

2．工程力学

工程力学是一门与工程技术密切联系的学科基础课程，包括理论力学和材料力学两部分内容，是各门力学课程的基础，并在许多工程技术领域中有着广泛的应用。

理论力学的任务是使学生掌握质点、质点系和刚体机械运动（包括平衡）的基本规律和研究方法，旨在让学生初步学会应用理论力学的理论和分析方法去解决一些简单的工程实际问题。材料力学的学习则要求学生掌握构件的强度、刚度及稳定性的计算方法，掌握材料力学的基本概念及理论，为学生学习相关后续课程打下必要的基础。

通过对工程力学课程的学习，还期望能够培养学生的辩证唯物主义世界观及独立分析问题、解决问题的能力。

3．机械设计基础

机械设计基础是一门综合应用工程制图和工程力学等基础理论知识的学科基础课程，研究常用机构和通用零件的工作原理、结构特点以及它们的设计理论与方法，同时介绍相关国家标准和规范，以及某些标准零件的选用原则和方法。

本课程综合应用力学、机械理论和生产知识，解决常用机构及通用零部件的分析和设计问题。课程的具体教学目标有以下三个：

1）掌握平面机构的运动简图的绘制方法和自由度的计算方法。熟练掌握铰链四杆机构的曲柄判断方法。掌握凸轮机构、齿轮机构、轮系、挠性机构的特点、工作原理及其使用场合，掌握齿轮机构的相关参数计算。学会正确选择键的联结类型。掌握滑动轴承和滚动轴承的工作原理及适用场合。了解联轴器、离合器和制动器的工作原理及特点。

2）掌握平面连杆机构、凸轮机构、齿轮机构、挠性机构、轴毂等常用机构的设计计算方法和设计步骤。能够正确计算轴承使用寿命并学会正确选择轴承型号。掌握常见螺纹联结的设计方法及螺纹联结的强度校核。

3）基于各种机构的基本特性和设计方法，使用机械零件手册和与本课程有关的标准、规范，能够初步设计一些简单的机械系统。

4．精密机械与仪器

精密机械与仪器是一门培养学生具有一定精密机械与仪器设计能力的学科基础课程。课程在教学内容方面着重基本知识、基本理论和基本方法，在培养实践能力方面着重设计技能和创新能力的基本训练。

课程的主要目标是培养学生具备如下能力：

1）掌握常用机构的工作原理和运动特性，具有分析和设计常用机构的基本能力，并初步具有机械运动方案设计的能力。

2）掌握通用机械零部件的工作原理、特点，选用和设计计算的基本知识，并具有设计简单机械及通用机械传动装置的基本能力。

3）具有应用标准、规范、手册、图册等有关资料的能力。

4）能通过实验巩固和加深对理论的理解，获得实验技能的基本训练。

2.3.4　计算机及控制技术基础课程

1. 微机原理与接口技术

计算机已经应用于国民经济的各个领域，它的普及与应用使人们传统的工作、学习、生活乃至思维方式发生了巨大变化。微机原理与接口技术作为一门介绍计算机基本工作原理的课程，是测控技术与仪器专业及相关工科专业的一门学科基础课程。

微机原理与接口技术要求学生掌握计算机的硬件组成及使用；学会运用指令系统和汇编语言进行程序设计；熟悉各种类型的接口及应用，掌握计算机体系结构的基本概念；培养利用硬件与软件相结合的方法，分析解决本专业领域问题的思维方式和初步能力，为今后跟踪计算机技术的新发展，进一步学习和应用相关方面的新知识、新技术打下坚实基础。

课程通常以 PC 系列微机作为主要研究对象，包括微机硬件组成及工作原理、微机接口技术、微机应用技术三大部分内容，主要包括微机系统概述、典型微处理器、指令系统、汇编语言程序设计、存储器系统、微机总线与输入/输出技术、中断系统、典型接口芯片及其应用等内容。课程强调与实际应用相结合，通过加强汇编语言程序设计和接口电路设计等部分的理论教学及实际操作，以提升学生开展系统软硬件设计的能力。

2. 信号与系统

信号与系统是测控技术与仪器专业的一门学科基础课，其基本任务在于学习信号与系统理论的基本概念和分析方法。主要内容包括信号的属性、描述、频谱、带宽等概念以及信号的基本运算方法；系统的属性、分类、幅频特性、相频特性等概念以及系统的时域分析、傅里叶分析和复频域分析的方法；频域分析在采样定理、调制解调、时分复用、频分复用等方面的应用等。通过对该课程的学习，使得学生掌握从事信号及信息处理与系统分析工作所必备的基础理论知识，为后续课程的学习打下坚实的基础。

课程重在培养学生掌握信号与系统的基本知识与技能，并重视信号与系统实验课的学习。学生通过学习，应达到以下要求：

1）对信号的属性、描述、分类、变换、取样、调制等内容有深刻的理解，重点掌握冲击信号、阶跃信号的定义、性质及其他信号的运算规则；重点掌握信号的频谱、带宽等概念。

2）掌握信号的基本运算方法，重点掌握卷积运算、正交分解、傅里叶级数展开、傅里叶变换及逆变换的运算、拉普拉斯变换及逆变换的运算等。

3）对系统的属性、分类、描述等基本概念有深刻的理解，重点掌握线性非时变系统的性质，系统的电路、微分方程、框图、流图等描述方法；重点掌握系统的冲击响应、系统函数、幅频特性以及相频特性等概念。

4）对系统的各种分析方法有深刻的理解，重点掌握系统的频域分析方法，重点掌握频域分析方法在采样定理、调制解调、时分复用、频分复用、电路分析、滤波器设计、系统稳定性判定等实际方面的应用。

5）了解信号与系统方面的新技术、新方法及新进展，尤其是时频分析、窗口傅里叶变换以及小波变换的基本概念，适应这一领域日新月异发展的需要。

3．数据结构

数据结构是测控技术与仪器专业中一门重要的基础课程，在计算机软件的各个领域中均会使用到数据结构的有关知识。当用计算机来解决实际问题时，就要涉及数据的表示及数据的处理，而数据表示及数据处理正是数据结构课程的主要研究对象，通过这两方面内容的学习，为后续课程，特别是软件方面的课程打下厚实的基础。

课程的任务是：在基础方面，要求学生掌握常用数据结构的基本概念及其不同的实现方法；在技能方面，通过系统学习能够在不同存储结构上实现不同的运算，并对算法设计的方式和技巧有所体会。总而言之，通过课程学习，学生应当比较全面地掌握各种常用的数据结构，并且能够运用数据结构解决实际问题，达到的基本要求如下：

1）知识方面：理解数据结构的一些基本概念，理解并掌握算法的描述方法，理解并掌握算法的时间复杂度和空间复杂度的概念以及分析方法；理解各种数据结构的基本概念，深刻理解各种数据结构的逻辑特性，理解并熟练掌握各种数据结构的存储表示方法，理解并掌握在各种数据结构基础上的算法设计与描述，并理解和掌握对算法性能进行分析的方法以及分析结果；理解查找、排序的基本概念，掌握各种查找、排序方法及其算法描述和性能分析方法和分析结果。

2）能力与素质方面：具备依据工程实际问题的需求合理地组织数据，并在计算机中有效存储数据的能力，具备为解决工程实际问题进行算法设计与分析的能力，具备将算法通过具体的编程语言加以实现的能力。

2.4　专业课程的知识体系

专业课程是彰显测控技术与仪器专业特色与内涵的课程，是学生掌握专业知识技能所必修的课程。要求以准确、可靠、稳定地获取信息为目标，按照传感器及检测技术基础、测量理论与控制技术基础、信号分析与数据处理技术基础、测控总线与数据交互技术基础、系统设计与仪器实现技术基础等方向设置课程，确保学生掌握研制与评价测控系统与仪器所必需的知识基础和思想方法。

2.4.1　传感器及检测技术基础课程

1．传感器原理及应用

当今世界已经进入信息时代，传感器技术、通信技术、计算机技术是构成现代信息技术的三大支柱，它们在信息系统中分别起到"感官""神经"和"大脑"的作用。人们在利用信息的过程中首先要获取信息，传感器是获取信息的主要途径和手段。传感器技术是多学科交叉的知识汇集，涉及物理、机械、电子、材料、化工、生物、环境、地质、核技术等多方面的知识，是一种不可缺少的定量认知自然现象的技术手段。

自从工业革命以来，为了提高和改善机器的性能，传感器发挥了巨大作用。而现代利用新材料以及半导体集成加工工艺，使传感器技术越来越成熟，种类越来越多。除了使用半导体材料、陶瓷材料外，纳米材料、光纤以及超导材料的发展也为传感器集成化和小型化的发展提供了物质基础。目前，现代传感器正从传统的分立式朝着集成化、智能化、数字化、系统化、多功能化、网络化，并向着微功耗、高精度、高可靠性、高信噪比、宽量程的方向发展。另外，物联网技术被认为是继计算机、互联网之后的又一次产业浪潮，而传感器作为物联网应用系统的核心产品，将成为这一新兴产业优先发展的关键器件。

传感器原理及应用是测控技术与仪器专业的专业基础课程。课程重点介绍各种传感器的工作原理和特性，使学生结合工程实际了解传感器在各种电量和非电量检测系统中的应用；培养学生使用各类传感器的技巧和能力，掌握常用传感器的工程测量设计方法和实验研究方法，了解传感器技术的发展动向。通过学习，培养学生使用各类传感器的能力，使学生能够进一步应用传感器方面的知识解决工程检测中的具体问题。

2. 单片机原理及应用

单片机原理及应用是测控技术与仪器专业的专业基础课程。课程一般是以 51 系列单片机为对象，全面讲授其工作原理、定时器的工作原理及使用方法、中断系统的工作原理及使用方法、串行口的工作原理及使用方法、存储器及 I/O 口的扩展、键盘/显示器接口设计等相关内容，培养学生的创新精神、实践技能和创作能力。同时注重培养学生认真负责的工作态度和一丝不苟的工作作风。

学生通过课程学习，应当达到以下要求：

1）掌握 MCS-51 单片机的基本硬件结构。

2）掌握单片机内部存储器的组成及其功能。

3）掌握 51 系列单片机指令系统中各指令的功能及执行细节。

4）掌握常用的扩展芯片与单片机硬件接口、驱动程序的编写。

5）掌握键盘/显示器与单片机的硬件接口、驱动程序的编写。

3. 嵌入式系统及应用

嵌入式系统及应用是测控技术与仪器专业的一门专业基础课，它集成了微处理器、存储器、外围电路等硬件结构，以及应用软件、操作系统、开发工具链等软件系统，是一门实践性很强的课程。本课程借助于 ARM 微处理器和实时操作系统 μC/OS-Ⅱ，介绍了嵌入式系统的设计方法，为学生毕业后从事信息控制类行业工作打下良好的基础，为培养"工程实施型人才"提供必要的支撑。

通过课程的学习，要求学生了解当前流行的国际著名公司的嵌入式系统开发环境；理解嵌入式系统设计流程、调试技巧；了解嵌入式系统的体系结构；掌握嵌入式处理器编程模型与指令系统；掌握嵌入式系统调试与开发环境的配置和使用方法；理解用 C 语言和汇编语言进行简单的单元接口电路程序设计的方法；了解嵌入式操作系统的基本移植方法；了解应用 C 语言和汇编语言设计各种电子或通信设备接口应用程序。

2.4.2　信号分析与数据处理技术基础课程

1. 数字信号处理

数字信号处理是用数字或符号的序列来表示信号，通过数字计算机去处理这些序列，提取其中的有用信息。例如，对信号进行滤波，增强信号的有用分量，削弱无用分量；或是估计信号的某些特征参数等。总之，凡是用数字方式对信号进行滤波、变换、增强、压缩、估计和识别等都是数字信号处理的研究对象。

该课程介绍数字信号处理的基本概念、基本分析方法和处理技术，主要讨论离散时间信号和系统的基础理论、离散傅里叶变换（DFT）理论及其快速算法FFT、IIR和FIR数字滤波器的设计以及有限字长效应。通过本课程的学习，使学生掌握利用DFT理论进行信号谱分析，以及数字滤波器的设计原理和实现方法，为学生进一步学习有关信息、通信等方面的课程打下良好的理论基础。

课程将通过讲课、练习、实验使学生掌握数字信号处理的基本理论和方法，达到以下要求：

1）使学生建立数字信号处理系统的基本概念，了解数字信号处理的基本手段以及数字信号处理所能够解决的问题。

2）掌握数字信号处理的基本原理、基本概念，具有初步的算法分析和运用MATLAB编程的能力。

3）掌握数字信号处理的基本分析方法和研究方法，使学生的科学实验能力、计算能力和抽象思维能力得到严格训练，培养学生独立分析问题与解决问题的能力，提高科学素质，为后续课程及从事信息处理等方面有关的研究工作打下基础。

4）使学生能利用抽样定理、傅里叶变换原理进行频谱分析，并设计简单的数字滤波器。

2. 误差理论与数据处理

误差理论与数据处理是测控技术与仪器专业特有的专业基础课程，内容包括误差的基本性质与处理、误差的合成与分配、测量不确定度、数据处理的最小二乘法、回归分析，以及基于脚本语言的误差分析与数据处理工程实例等。

课程的学习重点包括：三大类误差的特征、判别、减小和消除；函数系统误差和函数随机误差的计算；误差间的相关关系和相关系数；未定系统误差、随机误差的合成；误差的合理分配；最佳测量方案的分析确定；标准不确定度的评定；测量不确定度的合成；不确定度的报告；最小二乘法原理、正规方程求解、精度估计；一元线性回归方法的合理运用；多元线性回归方法的原理及实现等。

通过课程学习，旨在使学生掌握测试与实验数据处理的基本理论与方法，正确估计被测量的值，科学客观地评价测量结果，并根据测试对象的精度要求，对测试系统与实验方法进行合理设计，为后续专业课程及实验环节奠定理论基础。

2.4.3　测量理论与控制技术基础课程

1. 测试与检测技术

测试与检测技术是测控技术与仪器专业的基础课程。通过讲授各种几何量、机械量、过程量的测量原理、测量方法和测试系统的构成，培养学生掌握常见物理量检测的方法和仪器工作原理，具备根据具体测试对象、测试要求选择合适测量原理和测量方法的能力，具备设计简单测试系统的能力，为今后从事测控领域的工程技术工作与科学研究打下坚实的理论基础。

通过课程的学习，应当达到以下要求：

1）能解释测试技术相关的专业术语。

2）能应用测试系统基本概念和理论分析解决实际测试工程问题。

3）能分析一阶、二阶系统的特性及其对信号的响应特性。

4）能正确分析和描述典型信号。

5）能应用机械量（包括长度、角度、速度、转速、加速度、几何公差和表面粗糙度）测量的基本原理、方法和专用仪器，解决实际工程问题。

6）能解释和应用阿贝原则、圆周封闭原则，并能解释量值传递及溯源的概念、含义。

7）能理解力和压力的检定装置和测量方法。

8）能理解机械振动、温度、流量、环境量等测量的基本原理、测量方法。

9）能在设计或选择测试仪器时，综合考虑测试系统精度、稳定性、经济性、可行性、寿命、使用维修方便与环境适应性等方面的要求。

2. 自动控制原理/控制工程基础

自动控制原理是一门理论性较强的课程。作为测控技术与仪器专业的基础课，它既是基础课程向专业课程的深入，又是专业课程的理论基础。

自动控制原理以构成自动控制系统的一般规律为研究内容，用现代数学分析工具，拉普拉斯变换和传递函数、矩阵理论等工程数学方法对各种自动控制系统，如连续系统、离散系统等进行研究。主要内容包括：自动控制系统的基本组成和结构、控制系统的性能指标；自动控制系统的类型（连续、离散、线性、非线性等）及特点；系统数学模型的建立和动态结构图等效变换法则；自动控制系统的分析（时域法、频域法等）和设计方法等。

课程相关的基本概念主要有系统、反馈、框图、信号流图、传递函数、稳定性、基本环节、时间常数、阻尼系教、脉冲响应、阶跃响应、动态性能指标、稳态误差、根轨迹、主导极点、频率特性、矫正和综合、典型的非线性特性、描述函数、相平面、自持振荡、采样控制、Z 变换、脉冲传递函数等。

通过对课程的学习，学生可以了解到有关自动控制系统的运行机理、控制器参数对系统性能的影响以及自动控制系统的各种分析和设计方法等。

3. 现代控制理论

现代控制理论是一门重要的专业基础课程，是自动控制原理的发展和延续。课程的学习重点包括：控制系统状态空间表达式的建立；系统状态图绘制；线性变换；状态转移矩阵的求解方法；线性连续系统的离散化方法；系统能控性、能观测性的判断方法；能控、能观系统的标准型转化方法；不完全能控、能观系统的结构分解方法；李亚普诺夫第二法、第一近似法；系统平衡状态与稳定性的内涵；系统镇定问题；状态观测器的设计方法等。

通过课程的学习，学生应当掌握现代控制理论的基本原理、分析与设计方法，了解现代控制理论的前沿发展趋势；能够运用所学理论，综合分析与设计满足稳、快、准性能需求的控制系统；形成良好的控制理论素养和解决工程实际问题的能力，为进一步学习深入的控制理论打下扎实的基础。

2.4.4　测控总线与数据交互技术基础课程

1. 计算机网络

计算机网络是计算机技术和通信技术紧密结合并不断发展的一门学科，其理论发展和应用水平直接反映了一个国家高新技术的发展水平，并且是一个国家现代化程度和综合国力的重要标志。进入 21 世纪以来，随着信息技术的高速发展，测控系统与仪器的设计越来越多地依赖计算机网络技术来实现信息的交互与共享，因此计算机网络在测控技术与仪器专业中也将扮演越来越重要的角色。

通过对课程的学习，学生应理解计算机网络学科的基本概念、基本原理、基本方法，重点理解网络的分层原理和分层策略；理解网络体系中各层的功能及实现这些功能所用的原理、方法、手段和策略；初步掌握数据通信的基本原理、计算机网络中 ISO/OSI 七层模型和 TCP/IP 四层模型，初步掌握各层的基本功能和实现方法；初步掌握模型中的基本网络协议和网络应用层中的常用协议，初步掌握计算机网络接入技术，初步掌握计算机网络安全知识，学会运用一些知识去理解现代计算机网络、使用计算机网络必须要做的安全防范措施以及计算机网络实现和现代网络应用的关系。

课程旨在培养学生发现计算机网络中问题和解决问题的能力，使学生对计算机网络有一个全面而深入的认识，从而能够结合测控技术与仪器的相关专业课程，实现网络化测控系统与仪器的设计及应用，并对实现过程中存在的问题进行分析处理。

2. 计算机测控系统

随着信息科学和微电子技术以及计算机技术的飞速发展，特别是针对测控特点而设计的微控制器的出现，计算机测控系统的设计进入了一个崭新的阶段。而随着总线技术以及虚拟仪器软件的发展，计算机测控系统的发展也是日新月异，因此有必要在测控技术与仪器专业的学习过程中加入计算机测控系统的相关知识。

课程主要内容包括：测试与测量基础；基于 A/D 转换技术的测量；D/A 转换技术及信号发生；基本电参量测量；信号波形测量；信号频谱测量；数字信号逻辑分析；计算机测控系统概述；计算机测控系统总线技术；仪器驱动器与软件平台；计算机测控系统设计。课程特点表现在：以信号分析理论为主线，结合常规测量及前沿研究中的大量实例，运用必要的仿真技术，加深学生对于计算机测控系统的理解，以便于学生在将来实践过程当中能够熟练应用所学理论进行计算机测控系统的设计、问题分析及溯源工作。

通过对课程的学习，学生能够掌握电子测量技术、计算机测控系统技术基础等方面的专业知识；通过课堂教学、计算机仿真及动手实验，学生能够掌握计算机测控系统的基本理论与方法，具备能够自主进行计算机测控系统设计与分析的能力，为测控技术与仪器专业后续科学研究与工程应用提供知识和方法。

2.4.5 系统设计与仪器实现技术基础课程

1. 测控系统设计综合实验

测控系统设计综合实验课程是测控技术与仪器专业一门实践特色显著的课程，在很多学校是以课程设计的形式出现并实施的。

概括来讲，课程是以动手训练为主的实践类课程，在教学过程中，以任课教师设计的实验实践项目为目标，通常以团队的形式进行合作，学生在设计过程中，从文献调研开始，完成设计、分析、调试、分析与改进等一系列工作，最终研制出一个符合设计目标要求的测控系统。在系统设计与仪器实现的过程中，综合运用了传感器及检测技术基础、测量理论与控制技术基础、信号分析与数据处理技术基础、测控总线与数据交互技术基础中的相关课程知识，并且能够针对设计与实现过程中的问题进行分析与解决，从而实现研制目标。

工程教育认证对学生解决复杂工程问题的能力培养提出了具体的要求。测控系统设计综合实验课程是从问题分析开始，使学生利用储备的基础理论知识和工程知识，提出解决复杂工程问题的设计方案并进行深入研究，在研究的过程中综合运用现代工具进行问题的计算和处理。项目实现的过程对个人和团队的分工以及沟通能力的培养具有支撑作用。因此，作为一门系统设计与仪器实现类课程，课程搭建起了理论知识、工程知识与实际应用之间的桥梁，使学生学有所用。

2. 毕业设计

毕业设计是测控技术与仪器专业本科生学习阶段的一个总结，是一个系统性和综合性都比较强的系统设计与仪器实现类课程，一般希望能够达到如下课程要求：

1）能够将数学与自然科学等数理基础知识，光学、机械、电子、计算机、控制等学科基础知识以及传感、测控、仪器设计等专业知识用于解决测控技术与仪器领域的复杂工程问题。

2）能够应用数学、自然科学和仪器工程科学的基本原理，识别、表达并通过文献研究分析测控技术与仪器领域的复杂工程问题，以获得有效结论。

3）能够设计针对测控技术与仪器领域复杂工程问题的解决方案，设计满足特定需求的精密仪器系统、单元（部件）或工艺流程，并能够在设计环节中体现创新意识，考虑社会、健康、安全、法律、文化以及环境等因素。

4）培养学生开展科学研究工作的初步能力，包括：①调查研究、文献检索和搜集资料的能力；②方案论证、确定方案的能力；③工程技术与经济指标的综合能力；④理论分析、设计和计算的能力；⑤计算机绘图与仿真的能力；⑥实验研究、实验装置的制作、安装、调试的能力；⑦撰写科技论文及设计说明书的能力；⑧协同合作及组织工作的能力。

围绕课程目标，毕业设计的指导教师会从实际工程项目或者有工程背景的科学研究中选取具有适当难度与工作量且有一定综合性的题目，学生则在指导教师的指导下，经历一个从查阅资料与文献综述到方案设计与方案论证、详细设计与理论分析、实验与数据处理，再到毕业论文撰写的综合训练过程，通过开题、中期检查、毕业答辩、评分等各个环节的过程管理，培养学生综合运用所学知识，分析和解决测控技术与仪器等领域工程技术问题的能力，达到进一步深化和扩展学生所学基础和专业知识、提高学生实验动手能力、培养学生科学研究工作能力的目的。

2.5 专业能力培养的支撑课程结构

前文对测控技术与仪器专业的知识体系，以及三大类课程的概况及涉及课程进行了粗略的介绍，下面以北京航空航天大学测控技术与仪器专业为例，来阐述一下课程体系的设计是如何满足知识体系的要求，进而支撑毕业要求的达成的。

首先明确专业的培养目标，即：坚持"强化基础、突出实践、重在素质、面向创新"的本科人才培养方针，培养具有高度社会责任感和良好的科学、文化素养，系统而牢固地掌握自然科学基础、工程基础、仪器科学与技术领域的基础知识、基本理论和基本技能，具有创新意识、自主学习能力及实践能力，具有仪器系统综合设计、现场实现和应用的能力，具备解决复杂工程问题的能力，具有较强的交流与团队合作能力；能在相关领域从事工程设计、系统分析、信息处理、科学试验、研制开发、经济或科技管理等工作的宽口径、复合型高级工程技术人才。

然后严格按照《教学质量国家标准》以及工程教育专业认证的要求，将培养目标进行了分解，围绕毕业要求，设计出有针对性的课程体系，如图 2-2 所示。

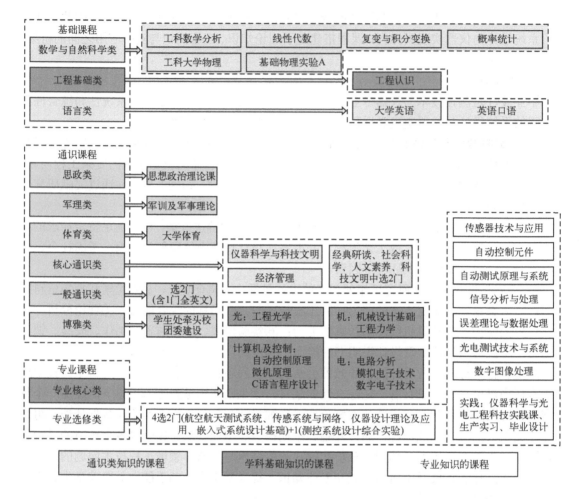

图 2-2　测控技术与仪器专业课程体系基本结构

从图中可见，课程设置包含了通识课程、基础课程和专业课程三大类。其中基础课程中的数学与自然科学类、语言类以及通识课程满足了《教学质量国家标准》中通识类知识的要求。专业核心类课程包括光、机、电和计算机及控制类的课程，这些课程与基础课程中的工程基础类课程满足了《教学质量国家标准》中学科基础知识的要求。专业知识的课程分为两部分。一部分是从传感器技术与应用开始，到数字图像处理结束的这一系列课程，这些课程是测控技术与仪器专业所有学生必修的课程，对应了从信息获取到信息利用的信息流动主线，其中流动的信息可以是电信号，也可以是光信号。电信号的流动从传感器技术与应用到误差理论与数据处理，光信号的流动从光电测试技术与系统到数字图像处理，支持学生从光、电两个不同的角度去理解信息流动的主线。另外一部分则是选修类的课程，有体现学校特色的航空航天测试系统，也有体现专业热点的传感系统与网络、嵌入式系统设计基础、仪器设计理论及应用，学生可以从自己的能力培养要求以及兴趣出发进行选择，有着充分的灵活性。图中的实践课程与测控系统设计综合实验则重在培养学生解决复杂工程问题的能力，是按照工程教育专业认证的要求进行重新梳理和整合的结果。

最后应当强调的是，北京航空航天大学测控技术与仪器专业的课程体系设计严格遵循了国家标准，在满足共性基础知识获取的基础上，同时体现出了学校的航空航天特色以及优势的培养方向，这也是《教学质量国家标准》中核心理念的具体实现，每个学校在设计自己专业的课程体系时，也都应该考虑基础性和灵活性兼顾的原则，确保培养出符合学校和专业定位的合格人才。

本章小结

　　知识体系的设计是保障人才培养质量的关键，而如何向本专业学生进行清晰而准确的解读则是一个难点问题。本章以测控技术与仪器专业的培养目标和要求为切入点，先从宏观的角度对知识体系构成进行了概述，进而围绕通识类课程、学科基础课程以及专业课程这三大类课程，对每一类课程的特点、课程设置以及课程内容进行了概要介绍，最后以北京航空航天大学测控技术与仪器专业的培养方案为例，解读了课程体系设计的基本思路，希望对学生理解本专业应当具备的基本能力有所帮助。

　　应当强调的是，支撑知识体系达成的课程体系设计是一个灵活性非常强的系统工程，本章介绍的课程体系构成只是一个示例。各个学校可以根据自身人才培养的特点，在三大类课程体系的框架下，不仅能够对课程进行针对性的取舍，也可以增补合适的课程；不仅可以调整相关课程的位置，也可以调整相关课程的教学内容，只要课程体系的设计符合本专业人才培养的目标，并且符合"仪器类教学质量国家标准"的要求，就是一个合格的课程体系，再辅之以各个教学环节的质量监督和持续改进，就能够保障本专业人才培养的质量。

思考题与习题

　　1. 测控技术与仪器专业的人才培养目标和要求有哪些？谈谈你在大学期间要如何做才能达到培养目标和要求。

　　2. 测控技术与仪器专业的知识体系包括哪几类？简述各类知识之间的相互关系。

　　3. 什么是"创新"？"创新"有什么特点？你认为应该如何培养创新能力？

　　4. 测控技术与仪器专业的主要实践性教学环节包括哪些？谈谈你打算如何在实践过程中提升自己的工程素养和综合能力。

　　5. 测控技术与仪器专业的知识结构中，通识类课程主要包括哪些？学科基础课程主要包括哪些？专业课程主要包括哪些？它们对支撑培养目标各有什么作用？

　　6. 你认为工科专业的学生为什么要学习人文社会科学类课程？除了课内学习，你还有什么学习计划？

　　7. 你如何理解数学类课程和物理类课程对于工科专业的重要性？

　　8. 大学本科阶段，测控技术与仪器专业学生应具备哪些专业能力？

　　9. 测控技术与仪器专业是一个典型的学科交叉专业，涉及光、机、电、算、控等各个学科，谈谈你对哪些知识或课程感兴趣，为什么？

　　10. 除了本章介绍的课程知识体系之外，你认为在人才培养过程中还应该设置哪些课程？增加哪方面的知识？

参考文献

[1] 中华人民共和国教育部高等教育司. 普通高等学校本科专业目录和专业介绍[M]. 北京: 高等教育出版社, 2012.

[2] 胡小唐. 仪器科学与技术教育教学改革与实践[M]. 天津: 天津大学出版社, 2011.

[3] 陈毅静. 测控技术与仪器专业导论[M]. 2 版. 北京: 北京大学出版社, 2014.

[4] 徐熙平, 张宁. 测控技术与仪器专业导论[M]. 北京: 电子工业出版社, 2018.

[5] 孙自强, 刘笛. 测控技术与仪器专业概论[M]. 北京: 化学工业出版社, 2012.

[6] 潘仲明. 仪器科学与技术概论[M]. 北京: 高等教育出版社, 2010.

[7] 张珥. 仪器科学与技术概论[M]. 北京: 清华大学出版社, 2011.

[8] 王平. 测控技术及仪器专业导论教学分析[J]. 中国电力教育, 2013(35): 119-120.

[9] 郑海英, 杨汇军, 尹伦海. 测控技术与仪器专业应用型人才培养模式的探究[J]. 中国现代教育装备, 2017(19): 43-45.

[10] 林丽君. 测控技术与仪器专业本科课程体系改革与实践[J]. 知识经济, 2018(13): 142-143.

[11] 陈如清, 钱苏翔, 顾小军. 测控技术与仪器专业课程体系改革实践与整体优化研究[J]. 嘉兴学院学报, 2013, 25(3): 137-140.

[12] 宋燕星, 刘淑聪, 程丽娜. 行业特色型测控技术与仪器专业人才培养模式探索[J]. 赤峰学院学报(自然科学版), 2014, 30(22): 222-223.

[13] 赵燕, 戴蓉. 面向卓越人才培养的测控专业课程体系的改革与实践[J]. 科教导刊(中旬刊), 2013(10): 32-33, 35.

[14] 潘仲明, 乔纯捷. 仪器科学与技术学科内涵及体系结构[J]. 电子测量与仪器学报, 2018, 22(S2): 31-35.

[15] 林玉池, 毕玉玲, 马凤鸣. 测控技术与仪器实践能力训练教程[M]. 北京: 机械工业出版社, 2005.

[16] 任红格, 史涛. 测控技术与仪器专业本科毕业设计实践创新能力培养对策探索[J]. 产业与科技论坛, 2016, 15(21): 210-211.

[17] 隋修武. 测控技术与仪器创新设计实用教程[M]. 北京: 国防工业出版社, 2012.

[18] 毛翠丽, 周先辉. 测控技术综合实训模式的探索与实践[J]. 科技创新导报, 2013(8): 33-35, 37.

[19] 刘麒. 提高测控专业工程实践能力的研究与实践[J]. 吉林化工学院学报, 2015, 32(9): 78-81.

[20] 王先培. 测控技术与仪器(专业)概论[M]. 武汉: 武汉理工大学出版社, 2010.

[21] 聂志强. 工程教育认证框架下工程认识课程的构建[J]. 教育教学论坛, 2018(13): 157-158.

第3章 测控技术与仪器专业的创新与实践能力培养

导读

基本内容：

本章通过介绍创新与实践能力的培养目标和举措，旨在激发学生专业学习的兴趣，通过对学生科研活动的指导，帮助学生了解文献检索的基本流程和成果发表的基本要求，并基于高水平科学研究和各类竞赛平台，达到提升学生创新和实践能力的目的。

1. 创新与实践的内涵和需求：介绍创新精神的基本内涵，进而结合实践活动的基本特点和要求，阐述实践育人在高校教学工作的重要地位，对实践育人的基本举措进行概述，期望最终通过实践教学实现提升学生创新能力的目标。

2. 创新与实践能力培养的具体措施：面向创新和实践能力的培养，对实验与实践环节、课外科技活动、校企合作新模式及国际化视野等环节的支撑作用进行介绍，期望学生对于不同环节的出发点和侧重点都能够有所了解。

3. 创新与实践能力展示的竞赛平台：对测控技术与仪器专业相关的有影响力的竞赛平台进行了介绍，旨在帮助学生了解各个竞赛平台的特点，引导学生以相关竞赛为目标，合理制订参赛规划，全面提升创新能力。

4. 创新与实践能力提升的学术训练：文献检索、撰写论文和专利是开展创新与实践能力训练的重要组成部分，也是创新实践能力训练的入口和出口，对这些内容进行介绍，有助于学生掌握这些环节的基本能力要求，为今后从事相关工作奠定坚实的基础。

学习要点：

创新与实践是测控技术与仪器专业的鲜明特色，因此在大学阶段就应当对其有所了解和感悟。本章首先从创新和实践的内涵着手，培养学生大学阶段主动开展创新实践的意识；之后简要介绍学校以及专业能够提供的创新实践培养环节与举措，再辅之以创新和实践能力竞赛平台的介绍，旨在帮助学生了解各个培养环节的侧重点以及各个竞赛平台的特点，对于大学阶段如何合理开展创新实践活动能够有所思考；最后学术训练的介绍，旨在引导学生了解文献检索、撰写论文和专利的基本要求，为后续学术能力的提升奠定良好的基础。

3.1 创新与实践的内涵和需求

3.1.1 创新精神的内涵

创新是指以基于现有的思维模式提出有别于常规或常人思路的见解为导向，利用现有的知识和物质，在特定的环境中，本着理想化需要或为满足社会需求，而改进或创造新的事物（包括产品、方法、元素、路径、环境），并能获得一定有益效果的行为。创新精神属于科学精神和科学思想范畴，是进行创新活动必须具备的一些心理特征，包括创新意识、创新兴趣、创新胆量、创新决心，以及相关的思维活动。

创新精神是一种勇于抛弃旧思想旧事物、创立新思想新事物的精神。例如：不满足已有认识（掌握的事实、建立的理论、总结的方法），不断追求新知；不满足现有的生活、生产方式、方法、工具、材料、物品，根据实际需要或新的情况，不断进行改革和革新；不墨守成规（规则、方法、理论、说法、习惯），敢于打破原有框框，探索新的规律、新的方法；不迷信书本、权威，敢于根据事实和自己的思考，向书本和权威质疑；不盲目效仿别人的想法、说法、做法，不人云亦云、唯书唯上，坚持独立思考，说自己的话，走自己的路；不喜欢一般化，追求新颖、独特、异想天开、与众不同；不僵化、呆板，灵活地应用已有知识和能力解决问题……这些都是创新精神的具体表现。

创新精神是科学精神的一个方面，与其他方面的科学精神不是矛盾的，而是统一的。例如：创新精神以敢于摒弃旧事物旧思想、创立新事物新思想为特征，同时创新精神又要以遵循客观规律为前提，只有当创新精神符合客观需要和客观规律时，它才能顺利地转化为创新成果，成为促进自然和社会发展的动力；创新精神提倡新颖、独特，同时又要受到一定的道德观、价值观、审美观的制约。

3.1.2　人才培养的实践需求

实践就是人们能动地改造和探索现实世界一切客观物质的社会性活动。实践有着诸多含义，经典的观点是主观见之于客观，包含客观对于主观的必然及主观对于客观的必然。实践的基本特征：客观性、能动性和社会历史性。

辩证唯物主义认为实践是检验真理的唯一标准，这是由真理的本性和实践的特点所决定的。实践发挥创造作用贯穿着主体客体化与客体主体化。实践由实践主体、实践客体和实践手段三个方面构成。主体是指处于一定历史条件和社会关系中从事实践活动和认识活动的个人或社会集团。客体是指主体在实践活动中所指向的对象。主体对客体有能动作用，客体对主体有制约作用。主体客体化是指人通过实践使自己的本质力量转化为对象物，即主体通过对象性活动向客体的渗透和转化，也就是主体对象化。例如，人类运用自己所掌握的科学知识制造出先进的生产工具。客体主体化是指客体从客观对象的存在形式转化为主体生命结构的因素或主体本质力量的因素，客体失去对象化的形式，变成主体的一部分。客体和外界事物的形态、属性、规律等经人的实践活动拓宽了人的视野，发展了人的智慧，增长了人的才干，丰富了人的情感，磨炼了人的意志，从而转化为个体的素质和能力。例如，人类通过科学实验和生产实践获取了新的知识，提高了人们的科学技术水平。

实践教学是学校教学工作的重要组成部分，是深化课堂教学的重要环节，是学生获取和掌握知识的重要途径。各高校要结合专业特点和人才培养要求，分类制定实践教学标准，增加实践教学比重，总学分中实践教学学分占比理工农医类本科专业不少于 25%、高职高专类专业不少于 50%，师范类学生教育实践不少于一个学期，且需要在以下几个方面加强建设要求：

1）全面落实相关专业《教学质量国家标准》对实践教学的基本要求，加强实践教学管理，提高实验、实习、实践和毕业设计（论文）质量。支持高等职业学校学生参加企业技改、工艺创新等实践活动。组织编写一批优秀实验教材。

2）深化实践教学方法改革。实践教学方法改革是推动实践教学改革和人才培养模式改革的关键。学校要把加强实践教学方法改革作为专业建设的重要内容，重点推行基于问题、基于项目、基于案例的教学方法和学习方法，加强综合性实践科目设计和应用。要加强大学生创新创业教育，支持学生开展研究性学习、创新性实验、创业计划和创业模拟活动。

3）加强实践育人基地建设。实践育人基地是开展实践育人工作的重要载体。要加强实验室、实习实训基地、实践教学共享平台建设，依托现有资源，重点建设一批国家级实验教学示范中心、国家大学生校外实践教育基地和高职实训基地。各高校要努力建设教学与科研紧密结合、学校与社会密切合作的实践教学基地，有条件的高校要强化现场教学环节。基地建设可以采取校所合作、校企联合、学校引进等方式。要依托高新技术产业开发区、大学科技园园区，设立学生科技创业实习基地。要积极联系爱国主义教育基地和国防教育基地、城市社区、农村乡镇、工矿企业、驻军部队、社会服务机构等，建立多种形式的社会实践活动基地，力争每个学校、每个院系、每个专业都有相对固定的基地。

教育部在《关于深化本科教育教学改革全面提高人才培养质量的意见》（教高〔2019〕6号）中强调：①改进实习运行机制，推动健全大学生实习法律制度，完善各类用人单位接收大学生实习的制度保障。要求充分考虑高校教学和实习单位工作实际，优化实习过程管理，强化实习导师职责，提升实习效果；加大对学生实习工作支持力度，鼓励高校为学生投保实习活动全过程责任保险，支持建设一批共享型实习基地；进一步强化实践育人，深化产教融合、校企合作，建成一批对区域和产业发展具有较强支撑作用的高水平应用型高等学校。②推动科研反哺教学，强化科研育人功能，推动高校及时把最新的科研成果转化为教学内容，激发学生专业学习兴趣；加强对学生科研活动的指导，加大科研实践平台建设力度，推动国家级、省部级科研基地更大范围开放共享，支持本科生早进课题、早进实验室、早进团队，以高水平科学研究提高学生创新和实践能力；统筹规范科技竞赛和竞赛证书管理，引导学生理性参加竞赛，达到以赛促教、以赛促学效果。

3.2　创新与实践能力培养的具体措施

3.2.1　实验与实践环节对创新能力培养的支撑

专业应当根据人才培养定位和创新创业教育目标要求，促进专业教育与创新创业教育有机融合，调整专业课程设置，挖掘和充实各类专业课程的创新创业教育资源，在传授专业知识过程中加强创新创业教育。面向全体学生开发、开设研究方法、学科前沿、创业基础、就业创业指导等方面的必修课和选修课，将其纳入学分管理，建设依次递进、有机衔接、科学合理的创新创业教育专门课程群。教育部鼓励各地区、各高校加快创新创业教育优质课程信息化建设，推出一批资源共享的慕课、视频公开课等在线开放课程。建立在线开放课程学习认证和学分认定制度。组织学科带头人、行业企业优秀人才，联合编写具有科学性、先进性、适用性的创新创业教育重点教材。

我国 2016 年 6 月正式成为《华盛顿协议》的正式成员，意味着我国工程教育人才培养质量标准与国际通用标准的实质等效。《华盛顿协议》的工程教育专业认证有三大核心理念：以学生为中心、产出导向及持续改进。其中，产出导向教育（Outcome-Based Education，OBE）理念具有重视定义工科毕业生品质、反向设计、重视学习产出评估工作等特点，契合测控技术与仪器专业的实践教学标准。OBE 于 1981 年由 William Spady 等人提出，理念上是一种"以学生为本"的教育哲学；实践上是一种聚焦于学生受教育后获得什么能力和能够做什么的培养模式。《华盛顿协议》全面接受了 OBE 的理念，将学生表现作为教学成果的评价依据，并以促进专业持续改进作为认证的最终目标。

在工程教育认证标准下要培养合格的毕业生，在培养目标上要根据学生后期从事的工作结合学校及专业自身定位合理制定，要充分听取用人单位的意见，按照 OBE 的教学理念进行教学体系重构。除了理论课要根据要求进行重建外，实践教学也是工程教育改革的重点和难点所在，因为创新能力的锻炼、动手能力的培养及团队合作意识的养成都需要通过实践教学环节完成，而实践教学的内涵比较宽泛，目前各实践教学环节还没有一个统一的基于学生产出的设置标准及评价标准。以需求引领改革方向，聚焦工程教育认证的内涵特征，完善各个实践教学环节的标准化设置和评价，是当前和今后面临的一项重要的改革任务。

1. 课程实验

课程实验中的认知验证实验旨在帮助学生建立感性认识，加深对测控系统工作原理及性能的理解。综合性实验则主要培养学生对知识的综合运用能力、创新能力、分析与解决复杂工程问题的能力，实验目标由教师提出，学生分组自行设计实验方案组织实验，在教师的指导下进行，最大限度地发挥学生学习的主动性。一般来讲，建议认知验证实验的比例不要超过 30%。同时，专业应当打破专业课程的限制，开设运用一门课程或多门课程的知识对学生实验技能和方法进行综合训练的复合型实验。

教学中则鼓励采用"导学互动式"的实验教学方法，指导思想是以学生为主体的"变教为导，以导促学，学思结合，能力提升"。这里介绍一下四大模块式实验教学法，其特点为四大模块导学互动，培养创新实践能力，如图 3-1 所示。

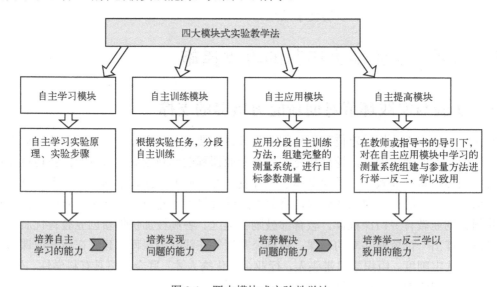

图 3-1　四大模块式实验教学法

第一模块：自主学习，培养自主学习的能力。教师根据课程要求引入实验任务，提出实验要求，让学生查阅资料，学习实验原理、实验步骤。

第二模块：自主训练，培养发现问题的能力。学生在查阅文献资料的基础上，自主设计实验方案，教师组织学生通过小组讨论及师生、生生互动形式进行实验方案讨论，寻找并发现问题，其中涉及的共性难题可以通过教师引导与启发学生来解决，经过此环节后学生确定实验方案，并完成实验。

第三模块：自主应用，培养解决问题的能力。学生将从在自主训练环境中自己完成过的实验中学到的方法，应用到其他实验、其他领域。

第四模块：自主提高，培养举一反三学以致用的能力。这是实验教学的终极目标，也是实验教学的终结环节，它包括两个步骤：实验总结和反馈改进，方式为实验结束后由实验指导教师组织学生围绕实验过程中出现的问题及实验结果的有效性进行分析讨论，在讨论基础上提出更加完善的实验方案，或者根据某种需要，对实践方案做出改进。此外，部分学生参与教师的科研项目，将实验中学到的技术改进后，应用于科研项目中。

这种实验教学法能充分调动学生的积极性，使学生更好地理解专业知识的本质以及掌握实验技能和实验规范，通过对实验数据和结果的分析，使学生能够进一步加深对所学专业课程相关知识点的理解，并培养了学生理论联系实践的能力，有助于学生将所学知识更好、更合理地应用于工程实践中。

2. 项目实践

项目实践环节注重培养学生的工程意识、分析与解决工程实际问题的能力，强调手脑并用、工程实践，促进理论与实践结合，增强学生综合设计与多元分析的能力，提高学生的综合工程素质，突出知识、情商、意识、能力的协同作用，培养学生"见得了树木，也见得了森林"的大局观、创新精神、实践能力和责任意识。

教学方法上，全面实施基于工程技术问题和项目驱动的教学方法，结合工程训练、专业实习、课程设计、毕业设计等实践过程，引导学生自主学习、主动实践，培养面向企业需求的测控技术与仪器专业拔尖创新人才。结合仪器仪表行业背景和职业导向性专业特点，校企密切合作，在共同落实"卓越工程师教育培养计划"的过程中，发挥各自的优势，积极探索新形势下高素质工程技术人才培养的新途径，建立以"自主式的实践活动""多元化的实践形式""综合性的能力培养"和"规范化的考核方法"为特征的实践教学新模式，如图 3-2 所示。

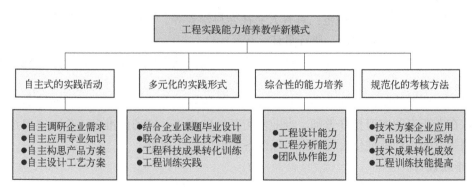

图 3-2 工程实践能力培养教学新模式

综合性项目实践一般是以一个产品或者创意为载体，中间涉及多门课程甚至多个学科的内容，需要学生以团队形式完成的教学模式。CDIO 教学理念是目前典型的综合性项目实践教学理念。"CDIO 项目实践"侧重多学科自主实践，选题主要来源于各类学科竞赛、教师科研课题、大学生科研训练与实践创新题目等，执行期从大二第二学期开始，到第六学期结束。每个项目团队由3～5人组成，经过"C（设计）→D（构思）→I（实施）→O（运行）"完成产品/系统的设计与开发，指导教师全程辅助指导，训练学生以主动的、实践的方式学习和获取工程能力，包括个人的科学和技术知识、在社会及企业环境下构建产品和系统的能力、求知欲和个人学习的能力、创新思维、团队协作的能力、沟通和表达能力等。

综合性项目实践中项目要趋于多样化，尤其需要深化校企合作，寻找共同利益关注点，把现代工业产品研发的创新过程和科学基础教育、工程素养教育有机渗透到教学过程之中，以制造业重大技术需求为导向，融人才培养与实践创新于一体，构建具有新的特征要素的实践教学"共同体"。

3. 专业实习

认知实习、生产实习属于专业实习，是学校完成工科本科人才培养计划、实现培养目标的一个重要环节。专业实习是学生在校期间与企业和社会距离最近的学习环节，专业实习是学生将所学的基础理论与专业知识与生产实际相结合的实践过程，可以帮助学生学好专业课，促进学生将所学知识融会贯通；可以锻炼学生的实践动手能力，并为灵活运用专业知识解决生产实际问题打下坚实的基础。其中，生产实习能够加深学生对专业内涵及其在国民经济中的地位的认识，明确将要从事工作的性质，了解产业状况、了解国情，有助于提高学生的社会责任感和学习自觉性。因此专业实习具有不可替代、不可或缺的作用，工科院校必须十分重视对培养学生实践能力起重要作用的专业实习。

根据国际工程教育专业认证发布的12条毕业要求，专业实习教学环节至少需要支撑如下毕业要求，各个高校还可以根据自身专业实习环节的特点考虑支撑其他毕业要求：

1）毕业要求5——使用现代工具：能够针对测控系统与仪器工程的问题，开发、选择与使用恰当的技术、资源、现代工程和信息技术工具，包括对工程问题的预测与模拟，并理解其局限性。

2）毕业要求6——工程与社会：能基于工程相关背景知识进行合理分析，评价专业工程实践、测控系统与仪器工程问题解决方案对社会、健康、安全、法律以及文化的影响，并理解应承担的责任。

3）毕业要求8——职业规范：具有人文社会科学素养、社会责任感，能在工程实践中理解并遵守工程职业道德和规范，履行责任。

4）毕业要求9——个人和团队：能在多学科背景下的团队中承担个体、团队成员或负责人的角色。

考虑到目前专业实习中存在的一些实际问题和困难，各个高校应当结合本专业的实习教学实践，在专职专业实习指导教师、专业实习基地的建立、实习的准备工作、实习过程中的组织协调等方面进行标准化流程设置，保证各环节的教学效果。

4. 毕业设计

毕业设计（论文）是测控技术与仪器专业教学计划的重要组成部分，是大学期间学生毕业前的最后学习阶段，是学习的深化与升华的重要过程。这个过程既是对大学生学习、研究与实践能力的培养、锻炼，又是对大学生学习成果的全面总结，是对大学生综合素质与实践能力培养效果的全面检验。它是高等学校本科生培养计划中占用学时最长、层次最高、综合性最强、最能衡量学生综合水平的重要实践教学环节。为了保证毕业设计（论文）的教学质量和培养效果，高校需在毕业设计重视程度、毕业设计教学环节、毕业设计资源、毕业设计全过程考核环节进行标准化的设置并严格实施。

专业应当建立与毕业要求相适应的质量标准和保障机制，引导学生完成选题、调研、文献综述、方案论证、系统设计、性能分析、工作交流、论文撰写等训练环节，涵盖本专业基本技能训练要素。

3.2.2　课外科技活动对创新能力培养的支撑

根据《教育部　财政部关于"十二五"期间实施"高等学校本科教学质量与教学改革工程"的意见》（教高〔2011〕6 号）和《教育部关于批准实施"十二五"期间"高等学校本科教学质量与教学改革工程"2012 年建设项目的通知》（教高函〔2012〕2 号），教育部决定在"十二五"期间实施国家级大学生创新创业训练计划。通过实施国家级大学生创新创业训练计划，促进高等学校转变教育思想观念，改革人才培养模式，强化创新创业能力训练，增强高校学生的创新能力和在创新基础上的创业能力，培养适应创新型国家建设需要的高水平创新人才。

《国务院办公厅关于深化高等学校创新创业教育改革的实施意见》（国办发〔2015〕36 号）中指出：①2015 年起全面深化高校创新创业教育改革，2017 年取得重要进展，形成科学先进、广泛认同、具有中国特色的创新创业教育理念，形成一批可复制可推广的制度成果，普及创新创业教育，实现新一轮大学生创业引领计划预期目标；到 2020 年，建立健全课堂教学、自主学习、结合实践、指导帮扶、文化引领融为一体的高校创新创业教育体系，人才培养质量显著提升，学生的创新精神、创业意识和创新创业能力明显增强，投身创业实践的学生显著增加。②各高校要加强专业实验室、虚拟仿真实验室、创业实验室和训练中心建设，促进实验教学平台共享。各地区、各高校科技创新资源原则上向全体在校学生开放，开放情况纳入各类研究基地、重点实验室、科技园评估标准。鼓励各地区、各高校充分利用各种资源建设大学科技园、大学生创业园、创业孵化基地和小微企业创业基地，作为创业教育实践平台，建好一批大学生校外实践教育基地、创业示范基地、科技创业实习基地和职业院校实训基地。完善国家、地方、高校三级创新创业实训教学体系，深入实施大学生创新创业训练计划，扩大覆盖面，促进创新项目的落地转化。举办全国大学生创新创业大赛，办好全国职业院校技能大赛，支持举办各类科技创新、创意设计、创业计划等专题竞赛。支持高校学生成立创新创业协会、创业俱乐部等社团，举办创新创业讲座论坛，开展创新创业实践。

为积极引导各地各高校深化创新创业教育改革，加强大学生创新创业能力培养，教育部于 2019 年 7 月 10 日发布《国家级大学生创新创业训练计划管理办法》（教高函〔2019〕13 号），对"国家级大学生创新创业训练计划"的主管部门职责和项目运行流程进行了系统梳理。

国家级大学生创新创业训练计划内容包括创新训练项目、创业训练项目和创业实践项目三类。创新训练项目是本科生个人或团队在导师指导下，自主完成创新性研究项目设计、研究条件准备和项目实施、研究报告撰写、成果（学术）交流等工作。创业训练项目是本科生团队在导师指导下，团队中的每个学生在项目实施过程中扮演一个或多个具体的角色，进行编制商业计划书、开展可行性研究、模拟企业运行、参加企业实践、撰写创业报告等一系列工作。创业实践项目是学生团队在学校导师和企业导师的共同指导下，采用前期创新训练项目（或创新性实验）的成果，提出一项具有市场前景的创新性产品或者服务，以此为基础开展创业实践活动。

另外，学科及科技竞赛对于加强学校第二课堂建设，推动人才培养模式与实践教学改革，激励学生主动学习、拓展知识面，营造创新创业教育的良好氛围，培养学生的创新精神、协作精神、实践能力和创业能力具有重要作用。各高校应鼓励全校学生和教师参加竞赛，提高竞赛水平。学科类竞赛有美国大学生数学建模竞赛、全国大学生数学建模竞赛、全国大学生电子设计竞赛等。科技类竞赛有"挑战杯"全国大学生课外学术科技作品竞赛、"互联网+"大学生创新创业大赛、全国大学生机器人大赛 ROBOCON、国际大学生程序设计大赛等。

3.2.3 校企合作新模式对创新能力培养的支持

校企合作新模式需要高校和企业共同创新相关的制度措施，如：实施高校毕业生就业和重点产业人才供需年度报告制度，完善学科专业预警、退出管理办法，探索建立需求导向的学科专业结构和创业就业导向的人才培养类型结构调整新机制，促进人才培养与经济社会发展、创业就业需求紧密对接。深入实施系列"卓越工程师教育培养计划"、科教结合协同育人行动计划等，多形式举办创新创业教育实验班，探索建立校校、校企、校地、校所以及国际合作的协同育人新机制，积极吸引社会资源和国外优质教育资源投入创新创业人才培养。高校要打通一级学科或专业类下相近学科专业的基础课程，开设跨学科专业的交叉课程，探索建立跨院系、跨学科、跨专业交叉培养创新创业人才的新机制，促进人才培养由学科专业单一型向多学科融合型转变。

"卓越工程师教育培养计划"是教育部贯彻落实《国家中长期教育改革和发展规划纲要（2010—2020 年）》和《国家中长期人才发展规划纲要（2010—2020 年）》的重大改革项目，是促进我国由工程教育大国迈向工程教育强国的重大举措。该计划旨在培养造就一大批创新能力强、适应经济社会发展需要的高质量各类型工程技术人才，为国家走新型工业化发展道路、建设创新型国家和人才强国战略服务，对促进高等教育面向社会需求培养人才，全面提高工程教育人才培养质量具有十分重要的示范和引导作用。以实施"卓越工程师教育培养计划"为突破口，对于促进工程教育改革和创新，全面提高我国工程教育人才培养质量，努力建设具有世界先进水平、中国特色的社会主义现代高等工程教育体系，促进我国从工程教育大国走向工程教育强国，具有重要支撑作用。

要遵循"行业指导、校企合作、分类实施、形式多样"的原则，联合有关部门和单位制定相关的配套支持政策，提出行业领域人才培养需求，指导高校和企业在本行业领域实施"卓越工程师教育培养计划"。支持不同类型的高校参与"卓越工程师教育培养计划"，高校在工程型人才培养类型上应各有侧重。参与"卓越工程师教育培养计划"的高校和企业通过校企合作途径联合培养人才，要充分考虑行业的多样性和对工程型人才需求的多样性，采取多种方式培养工程师后备人才。

"卓越工程师教育培养计划"实施的专业包括传统产业和战略性新兴产业的相关专业。要特别重视国家产业结构调整和发展战略性新兴产业的人才需求，适度超前培养人才。"卓越工程师教育培养计划"实施包括工科的本科生、硕士研究生、博士研究生三个层次，要培养现场工程师、设计开发工程师和研究型工程师等多种类型的工程师后备人才。

教育部在以下五个方面采取措施推进"卓越工程师教育培养计划"的实施：

1）创立高校与行业企业联合培养人才的新机制，企业由单纯的用人单位变为联合培养单位，高校和企业共同设计培养目标，制定培养方案，共同实施培养过程。

2）以强化工程能力与创新能力为重点改革人才培养模式。在企业设立一批国家级"工程实践教育中心"，学生在企业学习一年，"真刀真枪"做毕业设计。

3）改革完善工程教师职务聘任、考核制度。高校对工程类学科专业教师的职务聘任与考核要以评价工程项目设计、专利、产学合作和技术服务为主，优先聘任有在企业工作经历的教师，教师晋升时要有一定年限的企业工作经历。

4）扩大工程教育的对外开放力度。国家留学基金优先支持师生开展国际交流和海外企业实习。

5）教育界与工业界联合制定卓越人才的培养标准。教育部与中国工程院联合制定通用标准，与行业部门联合制定行业专业标准，高校按标准培养人才。参照国际通行标准，评价"卓越工程师教育培养计划"的人才培养质量。

3.2.4　国际化视野的培养对创新能力的支撑

《国家中长期教育改革和发展规划纲要（2010—2020 年）》中明确指出，坚持以开放促改革、促发展。开展多层次、宽领域的教育交流与合作，提高我国教育国际化水平。高等教育国际化是教育国际化的重要组成部分，已经成为我国教育国际化进程中的关键环节。树立高等教育国际化的战略思维，意识到其重要性和迫切性，需要重点把握以下四个方面：

第一，高等教育国际化的理念要强调国际理解教育，为更好地培养学生的国际素养做准备。把高等教育国际化的目的理解为"培养国际化人才""培养世界公民"是不科学的。高等教育国际化重在培养学生的全球意识、对多元文化的理解力，培养学生的好奇心、想象力，以及批判性思维能力、沟通能力与合作能力，培养学生的规则意识。

第二，高等教育国际化的探索应该是全方位的。这主要体现在以下方面：①宏观、微观层面政策的国际化导向，建立扩大开放的创新环境；②教育质量、教学效率、质量评估等标准的国际化；③教师专业素质、教师综合能力的提高；④课程内容的改革，以及跨文化学习；⑤学生动手能力、批判性思维能力的提高。

第三，课程建设与改革是高等教育国际化的核心。学校不应将引进多少国际课程作为评价是否国际化的唯一标准，要给学生更多的多样化选择和理解国际的机会。要以课程改革为突破口，强调国际化课程的现代性和探究性，突出学科前沿知识、交叉内容、新兴学科领域的知识，要重内涵、轻形式。引进的课程要适度整合，不能无底线整建制全盘引入。国家规定的语文、历史、地理、政治等人文学科课程绝不可少。要处理好与统编课程的关系。

第四，把提高教师的国际化素养放在核心地位。教育国际化不仅对学生适应未来合作与竞争的能力提出了新挑战，更多的是对教师提升专业素养提出了新挑战，对学校校长的领导力也提出了挑战。一定要认识到高等教育国际化不能只是个别教师的行为，而是要全体教师参与的。每所学校要有一套系统的培养教师参与国际化课程的方案。

《第四次亚太经济合作组织教育部长会议宣言》提到：21 世纪学生必须掌握的核心能力和技能包括批判性思维、创新能力、分析和解决问题能力、终身学习、团队合作能力、自我管理和自学能力等。创造力的培养是其核心问题。研究表明，创造力并不是只有少数人才具备的特殊才能，而是绝大多数人都拥有的潜能，通过教育为人才的创造力培养奠定基础不仅是重要的，而且是可能的。

3.3　创新与实践能力展示的竞赛平台

3.3.1　全国大学生数学建模竞赛

1. 大赛介绍

全国大学生数学建模竞赛是中国工业与应用数学学会主办的，面向全国大学生的群众性科技活动，旨在激励学生学习数学的积极性，提高学生建立数学模型和运用计算机技术解决实际问题的综合能力，鼓励广大学生踊跃参加课外科技活动，开拓知识面，培养创造精神及合作意识，推动大学数学教学体系、教学内容和方法的改革。

竞赛题目一般来源于科学与工程技术、人文与社会科学（含经济管理）等领域经过适当简化加工的实际问题，不要求参赛者预先掌握深入的专门知识，只需要学过高等学校的数学基础课程，题目有较大的灵活性供参赛者发挥其创造能力。参赛者应根据题目要求，完成一篇包括模型的假设、建立和求解、计算方法的设计和计算机实现、结果的分析和检验、模型的改进等方面的论文（即答卷）。竞赛评奖以假设的合理性、建模的创造性、结果的正确性和文字表述的清晰程度为主要标准。

竞赛每年举办一次，全国统一竞赛题目。大学生以队为单位参赛，每队不超过 3 人（须属于同一所学校），专业不限。竞赛分本科、专科两组进行，研究生不得参加。每队最多可设一名指导教师或教师组，从事赛前辅导和参赛的组织工作，但在竞赛期间不得进行指导或参与讨论。竞赛期间参赛队员可以使用各种图书资料（包括互联网上的公开资料）、计算机和软件，但每个参赛队必须独立完成赛题解答。竞赛开始后，赛题将公布在指定的网址，参赛队在规定时间内完成答卷，并按要求准时交卷。参赛院校应责成有关职能部门负责竞赛的组织和纪律监督工作，保证本校竞赛的规范性和公正性。

竞赛主办方设立全国大学生数学建模竞赛组织委员会（简称全国组委会），负责制定竞赛参赛规则、启动报名、拟订赛题、组织全国优秀答卷的复审和评奖、印制获奖证书、举办全国颁奖仪式等。竞赛分赛区组织进行。原则上一个省（自治区、直辖市、特别行政区）为一个赛区。每个赛区建立组织委员会（简称赛区组委会），负责本赛区宣传及报名、监督竞赛纪律和组织评阅答卷等工作。未成立赛区的各省（自治区、直辖市、特别行政区）院校参赛队可直接向全国组委会报名参赛。竞赛设立优秀组织工作奖，表彰在竞赛组织工作中成绩优异或进步突出的赛区组委会。

2. 赛题介绍

全国大学生数学建模竞赛创办于 1992 年，每年一届，是首批列入"全国普通高校学科竞赛排行榜"的 19 项竞赛之一。

2019 年，来自全国及美国和新加坡的 1490 所院校/校区、42992 队（本科 39293 队、专科 3699 队），超过 12 万人报名参赛。2017 年—2019 年的竞赛赛题见表 3-1。

2019 年 A 题"高压油管的压力控制"题目如下：

燃油进入和喷出高压油管是许多燃油发动机工作的基础，图 3-3 给出了某高压燃油系统示意图，燃油经过高压油泵从 A 处进入高压油管，再由喷油器 B 喷出。燃油进入和喷出的间歇性工作过程会导致高压油管内压力的变化，使得所喷出的燃油量出现偏差，从而影响发动机的工作效率。

表 3-1　2017 年—2019 年的竞赛赛题

年　度	题　号	题　目
2019	A	高压油管的压力控制
	B	"同心协力"策略研究
	C	机场的出租车问题
	D	空气质量数据的校准
	E	"薄利多销"分析
2018	A	高温作业专用服装设计
	B	智能 RGV 的动态调度策略
	C	大型百货商场会员画像描绘
	D	汽车总装线的配置问题
2017	A	CT 系统参数标定及成像
	B	"拍照赚钱"的任务定价
	C	颜色与物质浓度辨识
	D	巡检线路的排班

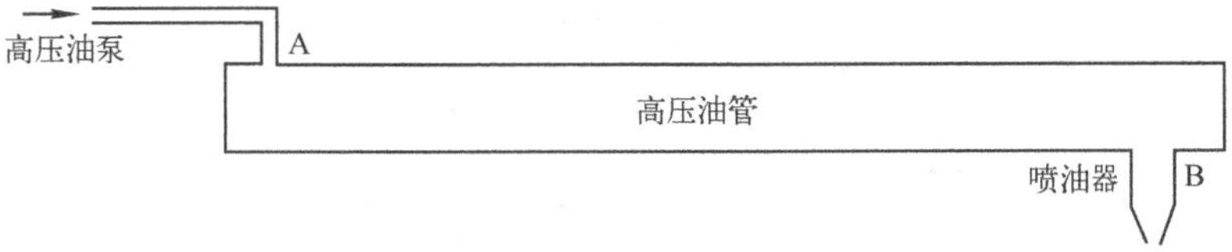

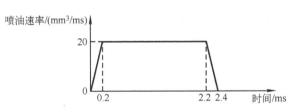

图 3-3　某高压燃油系统示意图

问题 1. 某型号高压油管的内腔长度为 500mm，内直径为 10mm，供油入口 A 处小孔直径为 1.4mm，通过单向阀开关控制供油时间的长短，单向阀每打开一次后就要关闭 10ms。喷油器每秒工作 10 次，每次工作时喷油时间为 2.4ms，工作时从喷油器 B 处向外喷油的速率如图 3-4 所示。高压油泵在入口 A 处提供的压力恒为 160MPa，高压油管内的初始压力为 100MPa。如果要将高压油管内的压力尽可能稳定在 100MPa 左右，如何设置单向阀每次开启的时长？如果要将高压油管内的压力从 100MPa 增加到 150MPa，且分别经过约 2s、5s 和 10s 的调整过程后稳定在 150MPa，则单向阀开启的时长应如何调整？

图 3-4　喷油速率示意图

问题 2. 在实际工作过程中，高压油管 A 处的燃油来自高压油泵的柱塞腔出口，喷油由喷油器的针阀控制。高压油管实际工作过程示意图如图 3-5 所示，凸轮驱动柱塞上下运动。柱塞向上运动时压缩柱塞腔内的燃油，当柱塞腔内的压力大于高压油管内的压力时，柱塞腔与高压油管连接的单向阀开启，燃油进入高压油管内。柱塞腔内直径为 5mm，柱塞运动到上止点位置时，柱塞腔残余容积为 20mm^3。柱塞运动到下止点时，低压燃油会充满柱塞腔（包括残余容积），低压燃油压力为 0.5MPa。喷油器放大后的示意图如图 3-6 所示，针阀直径为 2.5mm，密封座是半角为 9°的圆锥，最下端喷孔的直径为 1.4mm。针阀升程为 0 时，针阀关闭；针阀升程大于 0 时，针阀开启，燃油向喷孔流动，通过喷孔喷出。在一个喷油周期内针阀升程与时间的关系由附件$^{\ominus}$给出。在问题 1 中给出的喷油器工作次数、高压油管尺寸和初始压力下，确定凸轮的角速度，使得高压油管内的压力尽量稳定在 100MPa 左右。

图 3-5　高压油管实际工作过程示意图

问题 3． 在问题 2 的基础上，再增加一个喷油器，每个喷油器喷油规律相同，喷油和供油策略应如何调整？为了更有效地控制高压油管的压力，现计划在 D 处安装一个单向减压阀（图 3-7）。单向减压阀出口为直径为 1.4mm 的圆，打开后高压油管内的燃油可以在压力下回流到外部低压油路中，从而使得高压油管内燃油的压力减小。请给出高压油泵和减压阀的控制方案。

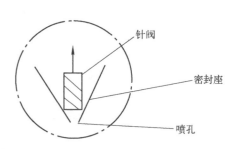

图 3-6　喷油器放大后的示意图

图 3-7　具有减压阀和两个喷油器时高压油管示意图

注 1：燃油的压力变化量与密度变化量成正比，比例系数为 E/ρ，其中 ρ 为燃油密度，当压力为 100MPa 时，燃油的密度为 0.850mg/mm^3。E 为弹性模量。

注 2：进出高压油管的流量为 $Q = CA\sqrt{\dfrac{2\Delta P}{\rho}}$，其中 Q 为单位时间流过小孔的燃油量（mm^3/ms），$C = 0.85$ 为流量系数，A 为小孔面积（mm^2），ΔP 为小孔两边的压力差（MPa），ρ 为高压侧燃油的密度（mg/mm^3）。

3.3.2　全国大学生电子设计竞赛

1. 大赛介绍

全国大学生电子设计竞赛（TI 杯）是教育部倡导的大学生学科竞赛之一，是面向大学生的群众性科技活动，目的在于推动高等学校促进信息与电子类学科课程体系和课程内容的改

革，有助于高等学校实施素质教育，培养大学生的实践创新意识与基本能力、团队协作的人文精神和理论联系实际的学风；有助于学生工程实践素质的培养，提高学生针对实际问题进行电子设计制作的能力；有助于吸引、鼓励广大青年学生踊跃参加课外科技活动，为优秀人才的脱颖而出创造条件。

全国大学生电子设计竞赛的特点是与高等学校相关专业的课程体系和课程内容改革密切结合，以推动其课程教学、教学改革和实验室建设工作。竞赛的特色是与理论联系实际学风建设紧密结合，竞赛内容既有理论设计，又有实际制作，以全面检验和加强参赛学生的理论基础和实践创新能力。竞赛的组织运行模式为"政府主办、专家主导、学生主体、社会参与"十六字方针，以充分调动各方面的参与积极性。

竞赛由教育部高等教育司及工业和信息化部人事教育司共同主办，双方共同负责领导全国范围内的竞赛工作。各地竞赛事宜由地方教委（厅、局）统一领导。为了保证竞赛顺利开展，组建全国及各赛区竞赛组织委员会和专家组。

以高等学校为基本参赛单位，参赛学校应成立电子竞赛工作领导小组，负责本校学生的参赛事宜，包括组队、报名、赛前准备、赛期管理和赛后总结等。每支参赛队由三名学生组成，具有正式学籍的全日制在校本、专科生均有资格报名参赛。

竞赛每逢单数年的 8 月份举办，赛期四天。在双数的非竞赛年份，根据实际需要由全国竞赛组委会和有关赛区组织开展全国的专题性竞赛，同时积极鼓励各赛区和学校根据自身条件适时组织开展赛区和学校一级的大学生电子设计竞赛。

竞赛采用全国统一命题、分赛区组织的方式，竞赛采用"半封闭、相对集中"的组织方式进行。竞赛期间学生可查阅有关纸介或网络技术资料，队内学生可以集体商讨设计思想，确定设计方案，分工负责、团结协作，以队为基本单位独立完成竞赛任务；竞赛期间不允许任何教师或其他人员进行任何形式的指导或引导；竞赛期间参赛队员不得与队外任何人员讨论商量。参赛学校应将参赛学生相对集中在实验室内进行竞赛，便于组织人员巡查。为保证竞赛工作，竞赛所需设备、元器件等均由各参赛学校负责提供。

竞赛题目是保证竞赛工作顺利开展的关键，应由全国专家组制定命题原则，赛前发至各赛区。全国竞赛命题应在广泛开展赛区征题的基础上由全国竞赛命题专家统一进行。全国竞赛命题专家组以责任专家为主体，并与部分全国专家组专家和高职高专学校专家组合而成。全国竞赛采用两套题目，即本科生组题目和高职高专学生组题目：参赛本科生只能选本科生组题目；高职高专学生原则上选择高职高专学生组题目，但也可选本科生组题目，并按本科生组题目标准进行评审。只要参赛队中有本科生，该队就只能选择本科生组题目并按本科生组的标准进行评审。凡不符合上述选题规定的作品均视为无效，赛区不予以评审。

2．赛题介绍

2019 年，全国大学生电子设计竞赛吸引了来自 29 个省市区赛区的 1101 所院校报名参加，共计 17361 支参赛队伍、近 52000 名学生，报名人数为历史新高。最终 296 支队伍获得全国一等奖，847 支队伍获得全国二等奖，国家级一等奖实际获奖率约为 1.7%。2019 年、2018 年、2017 年的竞赛赛题见表 3-2、表 3-3、表 3-4。

2019 年 B 题"巡线机器人"的题目如下：

（1）任务描述

设计一个基于四旋翼飞行器的巡线机器人，能够巡检电力线路及杆塔状态（见图 3-8），

表 3-2　2019 年全国大学生电子设计竞赛赛题

序　号	题　号	题　目　名　称	组　别
1	A	电动小车动态无线充电系统	本科
2	B	巡线机器人	本科
3	C	线路负载及故障检测装置	本科
4	D	简易电路特性测试仪	本科
5	E	基于互联网的信号传输系统	本科
6	F	纸张计数显示装置	本科
7	G	双路语音同传的无线收发系统	本科
8	H	模拟电磁曲射炮	本科
9	I	LED 线阵显示装置	高职高专
10	J	模拟电磁曲射炮	高职高专
11	K	简易多功能液体容器	高职高专

表 3-3　2018 年全国大学生电子设计竞赛赛题

序　号	题　号	题　目　名　称	组　别
1	A	电流信号检测装置	本科
2	B	灭火飞行器	本科
3	C	无线充电电动小车	本科
4	D	手势识别	本科
5	E	能量回收装置	本科
6	F	无线话筒扩音系统	本科
7	G	简易数字信号时序分析装置	高职高专
8	H	简易功率测量装置	高职高专

表 3-4　2017 年全国大学生电子设计竞赛赛题

序　号	题　号	题　目　名　称	组　别
1	A	微电网模拟系统	本科
2	B	滚球控制系统	本科
3	C	四旋翼自主飞行器探测跟踪系统	本科
4	E	自适应滤波器	本科
5	F	调幅信号处理实验电路	本科
6	H	远程幅频特性测试装置	本科
7	I	可见光室内定位装置	本科
8	K	单相用电器分析监测装置	本科
9	L	自动泊车系统	高职高专
10	M	管道内钢珠运动测量装置	高职高专
11	O	直流电动机测速装置	高职高专
12	P	简易水情检测系统	高职高专

发现异常时拍摄存储，任务结束传送到地面显示装置上显示。巡线机器人中心位置需安装垂直向下的激光笔，巡线期间激光笔始终工作，以标识航迹。

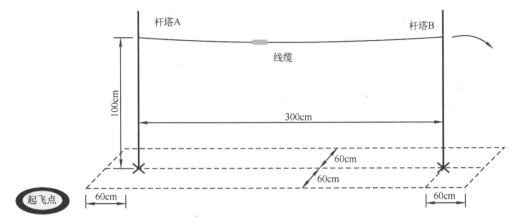

图 3-8　杆塔与线缆示意图

（2）基本要求

1）巡线机器人从距杆塔 A 1m 范围内的起飞点起飞，以 1m 定高绕杆塔巡检，巡检流程为：起飞→杆塔 A→电力线缆→杆塔 B→电力线缆→杆塔 A，然后稳定降落；巡检期间巡线机器人激光笔轨迹应落在地面虚线框内。

2）从起飞到降落，巡线完成时间不得大于 150s，巡线时间越短越好。

3）发现线缆上异物（黄色凸起物），巡线机器人须在与异物距离不超过 30cm 的范围内用声或光提示。

（3）发挥部分

1）拍摄所发现线缆异物上的条码图片存储到 SD 卡，巡检结束后在显示装置上清晰显示，并能用手机识别此条码内容。

2）发现并拍摄杆塔 B 上的二维码图片存储到 SD 卡，巡检结束后在显示装置上清晰显示，并能用手机识别此二维码内容，如图 3-9 所示。

图 3-9　杆塔 B 二维码示意图

3）拍摄每张条码、二维码图片存储的照片数不得超过 3 张。

4）停机状况下，在巡线机器人某一旋翼轴下方悬挂一质量为 100g 的配重，然后巡线机器人在图 3-8 所示起飞点（环形圆板）上自主起飞，并在 1m 高度平稳悬停 10s 以上，且摆动范围不得大于 25cm。

5）在测试现场随机选择一个简单飞行动作任务，30min 内现场编程调试完成飞行动作。

6）其他。

（4）电力线缆与杆塔说明

1）线缆的直径不大于 5mm，颜色为黑色。

2）杆塔高度约 150cm，直径不大于 30mm。

3）线缆上异物上粘贴有圆环状的黄底黑色 8 位数条码，条码宽度约（30±2）mm，如图 3-10 所示。

4）异物为黄色（红绿蓝三原色参数为：R-255，G-255，B-0），直径约为（30±2）mm，长度约（50±5）mm。

5）二维码粘贴在杆塔 B 上与线缆连接处外侧，大小（30±3）mm 见方，如图 3-10 所示。

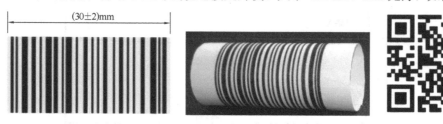

图 3-10　条码和二维码示例

（5）测试流程说明

1）起飞前，飞行器可手动放置到起飞点，可手动控制起飞，起飞后整个巡检过程中不得人为干预。

2）从基本要求 1）到发挥部分 3）的巡线工作必须一次连续完成，期间不得进行人为干预，也不得更换电池；允许测试两次，按最好成绩记录；两次测试间可更换电池。

3）发挥部分 1）、2）中拍摄的条码及二维码图片存储在存储介质（如 SD 卡）中，巡线完成后在地面显示装置上读取显示，用手机识别；手机及显示装置作为作品组成部分，必须与作品一起封存。

4）在巡线区地面标识±60cm 区域，如图 3-8 所示，巡线机器人巡检航迹可参照激光笔光点轨迹摄像判定。

5）基本要求 1）到发挥部分 3）测试完成后，进行发挥部分 4）的测试；增加配重后，不得自行另加其他配重。

6）现场编程实现的任务在所有其他测试工作（包括"其他"项目）完成之后进行。编程调试超时判定任务未完成；编程调试时间计入成绩。编程下载工具必须与作品一起封存。

7）测试现场应避免窗外强光直接照射，避免高照度点光源照明；尽量采用多点分布式照明，以减小飞行器自身投影的影响。

8）飞行场地地面可采用图 3-11 所示灰白条纹纸质材料敷设。灰白条纹各宽 20mm，灰色的红绿蓝三原色参数为：R-178，G-178，B-178。

9）飞行期间，飞行器触及地面后自行恢复飞行的，酌情扣分；触地后 5s 内不能自行恢复飞行视为失败，失败前完成动作仍有效。

图 3-11　地面敷设材料图案

10）平稳降落是指在降落过程中无明显的跌落、弹跳及着地后滑行等情况出现。

11）调试及测试时必须佩戴防护眼镜，穿戴防护手套。

3.3.3　全国大学生光电设计竞赛

1. 大赛介绍

全国大学生光电设计竞赛是由中国光学学会、教育部高等学校电子信息类专业教学指导委员会作为主办单位，中国光学学会光学教育专业委员会、教育部高等学校电子信息类专业教学指导委员会光电信息科学与工程专业教学指导分委员会作为主办机构，由全国大学生光电设计竞赛委员会具体负责的一项全国高校光电专业的重要赛事。赛事为全国光电专业及相关专业学生综合运用专业知识开展科研实践活动提供了权威的国家级交流平台，在促进高等教育改革和人才培养、促进学生创新实践能力提升等方面起到了重要作用。自 2008 年首届竞赛举办以来，至今已经成功举办七届，承办地东西南北中合理规划，跨越了大半个中国，充分发挥了区域辐射作用；参赛高校、参赛队伍和参赛人数逐届增加，影响力不断提升。参赛高校包含教育部直属高校、省属本科高校、独立学院和高职院校，覆盖了包括云南、西藏和新疆在内的 29 个省、自治区和直辖市。

为进一步开展全国光电类专业创新创业、学科竞赛专项工作，展示高校光电类专业创新创业教育成果，搭建大学生创新创业项目与社会投资对接平台，适应全国高校学科竞赛快速发展的形势，经 2018 年—2022 年教育部高等学校光电信息科学与工程专业教学指导分委员会第一次专题会议决定，将原来两年一届的竞赛赛制改为一年一届，其中奇数年举办创意赛，注重光电专业竞赛的开放性；偶数年举办命题赛，注重光电专业竞赛的专业性。

参赛项目能够将光电信息技术与移动互联网、云计算、大数据、人工智能、物联网等新一代信息技术和经济社会各领域紧密结合，培育新产品、新服务、新业态、新模式，促进光电技术与教育、医疗、交通、制造、金融、绿色能源、生态农业等深度融合。

参赛项目须真实、健康、合法，无任何不良信息，项目立意应弘扬正能量，践行社会主义核心价值观，参赛项目不得侵犯他人知识产权；所涉及的发明创造、专利技术、资源等必须拥有清晰合法的知识产权或物权；凡抄袭、盗用、提供虚假材料或违反相关法律，一经发现即刻丧失参赛相关权利并自负一切法律责任。参赛项目涉及他人知识产权的，报名时需提交完整的具有法律效力的所有人书面授权许可书、专利证书等；已完成工商登记注册的创业项目，报名时需提交单位概况、法定代表人情况、股权结构、组织机构代码证复印件等。参赛项目可提供当前财务数据、已获投资情况、带动就业情况等相关证明材料。

根据参赛项目所处的创业阶段，以及已获投资的情况和项目特点，大赛分为创意组和初创组。具体参赛条件如下：

1）创意组。参赛项目具有较好的创意和较为成形的产品原型或服务模式。参赛申报人须为团队负责人，须为普通高等学校在校生（可为本科生、研究生，不含在职学生）。

2）初创组。参赛项目已完成工商登记注册，且获机构或个人股权投资不超过 1 轮次，累积融资额不超过 1000 万元人民币。参赛申报人须为初创企业法人代表，须为普通高等学校在校生（可为本科生、研究生，不含在职生），或毕业五年以内。

2. 赛题介绍

2017 年—2019 年的竞赛赛题见表 3-5，其中 2019 年举办的第七届是全国光电竞赛发展史上的里程碑，原因在于：这是第一次在奇数年举办全国光电赛事；第一次针对教育部互联网+大赛举办光电专业特色创意竞赛，直接面向第五届中国互联网+大学生创新创业大赛决赛；第一次分七个大区举办区域赛，由区域赛向全国赛推荐参赛队，通过统一的报名系统把区域赛国赛联为一个整体。参加区域竞赛的规模达到 178 个高校、1448 支赛队、5000 余名参赛学生，创造了全国光电竞赛的历史新高。进入全国决赛的 197 个项目作品的内容围绕光电信息技术在医疗、环境、安全等各个领域的新应用，以培育新产品、新服务、新业态、新模式为目标，并在产品研发和商业推广等方面取得了一定的成绩。共有 34 个作品获得一等奖，74 个作品获得二等奖，89 个作品获得三等奖，其中，7 个一等奖金奖、10 个一等奖银奖。

表 3-5　2017 年—2019 年的竞赛赛题

年　度	届　次	题　号	题　目
2019	第七届	—	无（注：奇数年为创意赛）
2018	第六届	1	穿透毛玻璃的可见光成像系统
		2	光电"寻的"竞技车
2017	第五届	1	基于光电目标识别的空投救援无人飞行器
		2	单透镜构建的最佳成像系统

2018 年竞赛"光电'寻的'竞技车"题目如下：

设计一辆光电"寻的"竞技车，要求能够从指定位置出发，快速搜寻场地周边的随机点亮的信标灯。信标灯（LED 灯）亮灯顺序随机，且每个灯被灭后不再亮起。在比赛过程中，两参赛队同时发车，竞争到达点亮的信标灯前，当某车抵达点亮的信标灯前后，信标灯随即熄灭。在此过程中，允许己方参赛车自主干扰对方的参赛车去争夺信标灯，为自己的参赛车赢得更多的机会。

（1）信标灯

1）考虑到场地和环境的条件，场地为绿色羽毛球场，场地灯光照明为白光，故采用红色 LED 作为信标灯，布置在场地的地面上，LED 上面有灯罩匀光并防撞，因此，信标灯突出地面一定高度。

2）灯罩拟采用如图 3-12 所示乳白色外壳，灯罩直径 10cm，高度约 7cm。

3）信标灯外围用黑色电工胶带划定直径为 20cm 的圆圈范围，为禁止驶入区域，如图 3-12 所示。整个竞赛过程中，参赛车车体必须始终在圈外。进入圈内将判为违例，违例 3 次或碰撞信标灯则取消当次竞赛成绩。

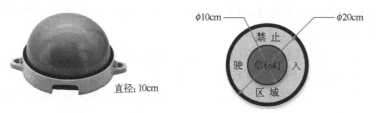

图 3-12　信标灯外壳和禁止驶入区域示意图

（2）灭灯检测传感器

1）信标灯中集成有一组反射式红外光电传感器，当传感器发射的红外光被物体表面反射后入射到传感器时，传感器将发出信号控制信标灯熄灭，如图 3-13 所示。

2）参赛车需在禁止驶入区域外，使用自行设计的灭灯装置从信标灯上方遮挡信标灯内传感器所发射的红外光，使得反射式红外光电传感器可接收到反射光，随之信标灯熄灭。

（3）相关说明

1）竞赛分组采用抽签的方式。

图 3-13　灭灯检测示意图

2）传感器：探测识别信标灯须使用光电传感器，传感器须安装在参赛车上，数量以及安装方式不限。

3）比赛场地：1/2 标准羽毛球场，在图 3-14 所示的白线上共布置 12 个随机放置的信标灯，图中场地中央矩形区域为出发区，以黑色胶带标识出发区边界。

4）严禁使用远程遥控或者其他方式。

5）不限车型，但车身俯视投影尺寸不得超过 25cm×35cm（长方形底盘车），或直径不超过 30cm（圆形底盘车），车任何部分的高度不得超过 30cm。

6）参赛车需自行设计搭载灭灯装置，且灭灯装置完全伸展后伸出车体外轮廓的长度不得超过 15cm，每熄灭一盏信标灯，灭灯装置须收缩回原位后再行进。对灭灯装置部分设立创新性评价分数，由专家委员会评价打分，计入总成绩。

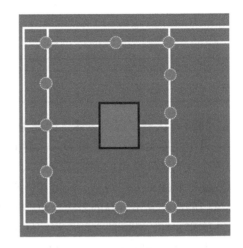

图 3-14　场地示意图

7）不允许车上携带干扰光源。

8）在参赛车车体上显著位置需要预留出来贴标的空间，贴标尺寸为 7cm×4cm。

3.3.4　全国大学生机器人大赛 ROBOCON

1. 大赛介绍

全国大学生机器人大赛 ROBOCON 赛事始于 2002 年，每年举办一次。大赛的冠军队代表中国参加亚洲-太平洋广播电视联盟（Asia-Pacific Broadcasting Union，ABU）主办的亚太大学生机器人大赛（ABU ROBOCON）。青年学生的积极参与和众多机构的鼎力支持成就了大赛的健康发展。大赛目前已成为国内技术挑战性最强、影响力最大的大学生机器人赛事之一。

每年，由 ABU ROBOCON 的承办方制定和发布比赛的主题和规则。全国大学生机器人大赛 ROBOCON 赛事采用这个规则进行比赛。参赛者需要综合运用机械、电子、控制、计算机等技术知识和手段，经过约十个月制作和准备，利用机器人完成规则设置的任务。作为高技术的竞赛平台，这个比赛从一开始就引起了大专院校学生的浓厚兴趣。

通过整合高校、媒体、企业和政府的资源，这项赛事已经成为我国理工科院校最具影响力的赛事，对机器人教育做出了积极贡献，为我国机器人产业及相关科技领域培育了大批卓越的企业家和工程师。

全国大学生机器人大赛始终坚持"让思维沸腾起来，让智慧行动起来"的宗旨，在推动广大高校学生参与科技创新实践、培养工程实践能力、提高团队协作水平、培育创新创业精神方面发挥了积极作用，培养出一批爱创新、会动手、能协作、勇拼搏的科技精英人才，在高校和社会上产生了广泛、良好的影响。

2. 比赛主题

ROBOCON 赛事作为国内大学生机器人领域的顶级赛事，是全面展示当代大学生机器人制作能力与高新技术应用水平，进一步激发青年学生科技兴趣爱好、创新实践能力和培养未来科技人才的重要平台。2018 年—2020 年的比赛主题见表 3-6，2019 年的比赛吸引了全国 76

所知名高校、3000 余人参加比赛。

表 3-6　2018 年—2020 年的比赛主题

年　度	届　次	题　目
2020	第十九届	绿茵争锋
2019	第十八届	快马加鞭
2018	第十七届	飞龙绣球

2020 年大赛"绿茵争锋"比赛主题如下：

第十九届全国大学生机器人大赛 ROBOCON 以"绿茵争锋"为主题，将使用 2 台机器人和 5 个代表防守队员的立柱演绎 7 人制英式橄榄球比赛。比赛的亮点是 2 台机器人相互配合以触地球和踢球入门得分。比赛中主要和独特的挑战是踢球入门，想把独特形状的橄榄球踢过球门的横杆是不容易的。观众将会着迷于机器人成功实现所有目标。

比赛在红、蓝两队之间进行，最多持续 3min。每支参赛队有 2 台机器人，分别称为传球机器人（PR）和触地机器人（TR）。2 台机器人可以是手动的、半自动的或全自动的。PR 从 PR 启动区（PRSZ）出发，从球架上拿起 1 个 1 类球并从传球区传给位于接球区的 TR；TR 从 TR 启动区（TRSZ）出发，运动到接球区，接收来自 PR 的 1 类球。然后，TR 兜过 5 个防守立柱在触地处之一触地得分。TR 成功进行 1 次触地后，就可以开始进行从踢球区（KZ）踢出 2 类球入门的步骤。比赛继续下去，直到 7 个 2 类球全部用完或 3min 时间到，比赛场地分区及场上设施示意图分别如图 3-15 和图 3-16 所示。

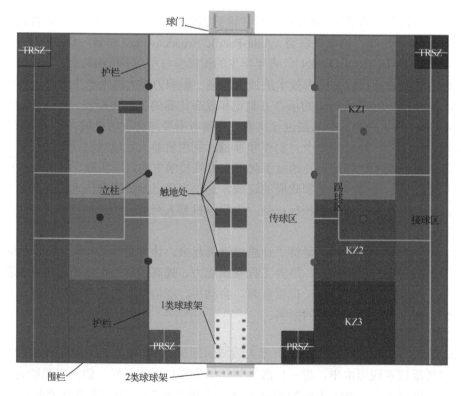

图 3-15　比赛场地分区示意图

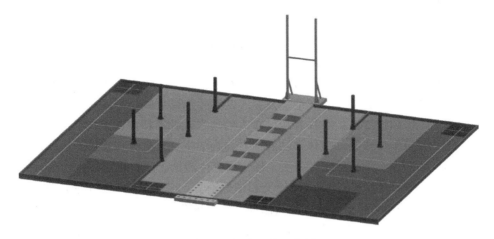

图 3-16　场上设施示意图

3.3.5　"挑战杯"全国大学生课外学术科技作品竞赛

1. 大赛介绍

"挑战杯"全国大学生课外学术科技作品竞赛（以下简称"挑战杯"竞赛）是由共青团中央、中国科协、教育部、社科院、全国学联、地方政府主办的大学生课外学术科技活动中一项具有导向性、示范性和群众性的竞赛活动，每两年举办一届。

竞赛的宗旨是：崇尚科学、追求真知、勤奋学习、锐意创新、迎接挑战。

竞赛的目的是：引导和激励高校学生实事求是、刻苦钻研、勇于创新、多出成果、提高素质，培养学生创新精神和实践能力，并在此基础上促进高校学生课外学术科技活动的蓬勃开展，发现和培养一批在学术科技上有作为、有潜力的优秀人才；鼓励学以致用，推动产学研融合互促，紧密围绕创新驱动发展战略，服务国家经济、政治、文化及生态文明建设。

竞赛的基本方式是：高等学校在校学生申报自然科学类学术论文、哲学社会科学类社会调查报告和学术论文、科技发明制作三类作品参赛；竞赛组委会聘请专家评定出具有较高学术理论水平、实际应用价值和创新意义的优秀作品，给予奖励；并组织学术交流和科技成果的展览、转让活动。

自从 1989 年在清华大学举办首届竞赛以来，"挑战杯"竞赛始终坚持"崇尚科学、追求真知、勤奋学习、锐意创新、迎接挑战"的宗旨，在促进青年创新人才成长、深化高校素质教育以及推动经济社会发展等方面发挥了积极作用，在广大高校乃至社会上产生了广泛而良好的影响。从最初的 19 所高校发起，发展到 1000 多所高校参与；从 300 多人的小擂台发展到 200 多万大学生的竞技场，"挑战杯"竞赛在广大青年学生中的影响力和号召力显著增强，被誉为当代大学生科技创新的"奥林匹克"盛会。

"挑战杯"竞赛已经成为引导高校学生推动现代化建设的重要渠道。成果展示、技术转让、科技创业，让"挑战杯"竞赛从象牙塔走向社会，推动了高校科技成果向现实生产力的转化，为经济、社会发展做出了积极贡献。作为深化高校素质教育的实践课堂。"挑战杯"竞赛已经形成了国家、省级、高校三级赛制，广大高校以"挑战杯"竞赛为龙头，不断丰富活动内容，拓展工作载体，把创新教育纳入教育规划，使"挑战杯"竞赛成为大学生参与科技创新活动的重要平台、展示全体中华学子创新风采的亮丽舞台。

　　凡是在举办竞赛终审决赛以前正式注册的全日制非成人教育的各类高等院校在校专科生、本科生、硕士研究生和博士研究生（均不含在职研究生）都可申报作品参赛。

　　申报参赛的作品必须是距竞赛终审决赛当年两年内完成的学生课外学术科技或社会实践活动成果，可分为个人作品和集体作品。申报个人作品的，申报者必须承担申报作品60%以上的研究工作，作品鉴定证书、专利证书及发表的有关作品上的署名均应为第一作者，合作者必须是学生且不得超过2人；凡作者超过3人的项目或者不超过3人，但无法区分第一作者的项目，均须申报集体作品。集体作品的作者均为学生。凡有合作者的个人作品或集体作品，均按学历最高的作者划分至本专科生、硕士研究生或博士研究生类进行评审。

　　毕业设计和课程设计（论文）、学年论文和学位论文、国际竞赛中获奖的作品、获国家级奖励成果（含本竞赛主办单位参与举办的其他全国性竞赛的获奖作品）等均不在申报范围之列。

　　参赛作品包括自然科学类学术论文、哲学社会科学类社会调查报告和学术论文、科技发明制作三类。自然科学类学术论文作者限本、专科生。哲学社会科学类社会调查报告和学术论文限定在哲学、经济、社会、法律、教育、管理六个学科内。科技发明制作类分为A、B两类：A类是指科技含量较高、制作投入较大的作品；B类是指投入较少，且为生产技术或社会生活带来便利的小发明、小制作等。

　　每个学校选送的作品总数不超过6件，每人限报1件，作品中研究生作品不得超过作品总数的1/2，其中博士研究生的作品不得超过1件。参赛作品须经本省（自治区、直辖市）组织协调委员会进行资格及形式审查和本省（自治区、直辖市）评审委员会初步评定，方可上报全国组委会办公室。各省（自治区、直辖市）选送全国竞赛的作品数额由主办单位统一确定。每所发起学校可直接报送3件作品（含在6件作品之中）参加全国竞赛。

2. 项目展示

作品名称：低成本立方体纳卫星

大类：科技发明制作A类

小类：机械与控制

获奖情况：第十四届"挑战杯"竞赛特等奖

　　随着航天研究的不断深入，针对低轨道的空间探测任务以及对地观测任务的需求被不断提出，同时来自生物、医药、通信等不同领域研究单位的产品也产生越来越多的空间环境试验需求。传统卫星产业在满足此类小型化需求时，存在着成本高、周期长等不足。低成本立方体纳卫星正是针对此类低轨道小型空间科学试验任务而研制的一种具备多载荷适配性的低成本航天器平台。该作品基于立方体纳卫星国际标准设计。立方体纳卫星，作为纳型卫星（质量小于10kg）的一种，是1999年由美国加州州立理工大学与斯坦福大学提出的一种卫星设计标准，它规定尺寸约10cm×10cm×10cm的标准立方体为一单元（1U），质量1～2kg。根据任务的需要，也可将立方体卫星扩展为双单元（2U）或者三单元（3U）。

　　作品采用双单元配置，整体最大包络尺寸112.8mm×112.3mm×227.6mm。该作品平台核心系统具备完全的自主知识产权，包含自研制的星务计算机分系统、电源分系统、姿态确定与控制分系统、结构及热控分系统。各分系统由星务计算机统一调度，实现对整星的结构热环境监测、电气及数据接口支持、能源分配、三轴稳定控制、星地数据传输等功能。作品设计充分考虑卫星对不同类型载荷的适配性，有针对性地采取接口预留、设计冗余、软件开放性设计等手段，使得卫星平台与载荷的对接与联调得到极大简化，实现单一卫星平台对包括星间通信、对地探测、科学试验等多种不同类型的载荷的适配。该作品针对低轨道空间辐射量较小的特点，大量采用商用元器件取代昂贵的航天级器件，同时采取自研方式替代昂贵的国外星上部件，通过优化项目开发管理与产品管理流程，极大降低了研发制造成本，仅为传统卫星的 10%左右。由于本身体积质量小，可作为其他大卫星的附加载荷，可实现一箭多星发射，进一步降低发射成本。

目前，该作品结合实际应用需求，已完成两款基于低成本立方体纳卫星的定制产品，相关性能已获用户认可。该作品已加入欧盟第七框架 QB50 项目，集成 FIPEX 大气探测，将作为全球 50 颗立方体卫星之一，实现对大气粒子浓度探测；该作品将用于中科院上海微小卫星工程中心的船舶自动识别系统（Automatic Identification System，AIS）中，目前已集成 AIS 船舶自动识别载荷，通过轨道优化设计，实现覆盖我国南海海域同时兼顾全球的船舶准实时监测。

具体地说，该作品的主要研究内容、结论、成果如下：

（1）高功能密度立方体卫星平台研制　基于立方体卫星的结构热控一体化设计，综合考量卫星上各主要节点在发射以及整个轨道周期内的振动频率和温度，通过 Patran/Nastran 软件及 NX-Ideas 有限元软件进行结构热控优化设计，经实验验证卫星整体最低自然频率 165Hz，采用被动热控加蓄电池主动温控，星内温度可达到 5～35℃，完全满足载荷搭载环境需求。基于 Cortex-M4 STM32F407ZET6 的星务计算机设计，最大工作频率可达 168MHz，包含 2MB 静态 RAM、4MFlash 存储以及 2GB 的 Micro SD 卡大容量存储，同时可扩展 5 路 UART 接口、4 路 SPI 接口和 2 路 I^2C 等外部接口，充分满足各种载荷所需的存储和接口需求。采用转换效率为 28%的 GaInP2/GaAs/Ge 三结砷化镓体装式/可展开太阳电池阵以及 4 节 18650 锂离子电池组作为电力来源，完成集成电源输入处理电路、电池充电及保护电路、电源分配电路、电源遥测量采集电路等五个部分的能源控制系统设计，可实现母线电压达 6.5～8.4V，功率大于4.8W，并提供电压稳定度达±5%的 3.3V、5V 以及母线电压供星内各部件及载荷使用。采用三轴磁强计和粗太阳敏感器实现双矢量卫星姿态确定，采用微型动量轮和铁镍合金磁力矩器实现三轴姿态控制。姿态控制系统可按照飞行任务的要求实现卫星在各个飞行阶段轨道和姿态的确定，以及星体的三轴姿态控制。经仿真，最终姿态测量精度可达 2°，大于 300km 轨道姿态控制精度 5°，在采用磁控的低成本立方体卫星中达到较为先进的水平。作品通信系统采用 UHF/VHF 频段，上行 145MHz，下行 435MHz，调制方式采用 AFSK（上行）、CW/BPSK（下行），实现谐振频率回波损耗小于−10dB，天线收发隔离度优于 35dB。卫星内部结构和外形如图 3-17 所示。

（2）基于高截获率软件无线电（SDR）结构星载 AIS 接收机的船舶识别应用　在中科院上海微小卫星工程中心的支持下，完成了基于 AIS 的船舶系统设计，将通过 3 颗卫星组网的方式，实现对我国重点海域，尤其是远海海域船舶的准实时监控，保障我国舰船航行安全。AIS 接收机采用低功耗软件定义无线电结构，具有软件定义功能，工作频率为 162MHz±25kHz，质量不大于 50g，接收机灵敏度达−120dBm，适用于低地球轨道卫星任务。该作品星务软件系统通过 I^2C 总线实现对 AIS 接收机的配置及数据通信，可保证接收机较高的信号截获率。该作品还兼容 CSP 通信协议，接收机可基于该协议与卫星平台通信，便于系统集成，同时提高可靠性。搭载 AIS 接收机的低成本立方体卫星作品满足 SOTDMA 与 CSTDMA 协议要求，兼容船载 A 类与 B 类 AIS 设备，同时支持 ITU-RM.1371-1 建议案规定的 22 种信息报文，可实现与 AIS 基站、船载 AIS 的通信网融合，实现数据共享。另外，该作品设计了未来 10 颗 AIS 卫星星座组网方案，可实现对南海区域的完全覆盖，重访间隔仅 14.4min，对于实现南海船舶防碰撞、船舶搜救等方面意义深远。

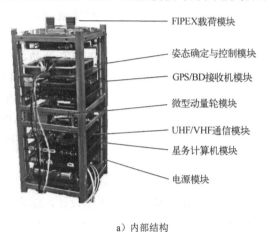

FIPEX载荷模块
姿态确定与控制模块
GPS/BD接收机模块
微型动量轮模块
UHF/VHF通信模块
星务计算机模块
电源模块

　a）内部结构　　　　　　　　　　　　　　　　　b）外形

图 3-17　卫星内部结构和外形

（3）基于 FIPEX 的全球组网大气探测应用　该作品在欧盟第七框架 QB50 项目组的支持下，完成了对 FIPEX 大气探测载荷的搭载与支持。该项目采用 50 颗卫星组网，实现对目前人类尚未深入涉足的低热层（90～300km）大气的中性粒子、带电离子的组成与分布、阻力参数、大气温度与磁场进行多点在轨测量，数据将用于进行航天器再入烧蚀机理的研究，该项研究对可再入航天器设计意义重大。该作品根据载荷接口需求，对电源系统及星务计算机系统软件进行针对性修改，包括供电异常处理更新机制优化、星务计算机通信协议支持、地面测试及试验软件编写等，成功完成基于该载荷的大气探测立方体纳卫星设计。目前，该设计方案已获项目组认可，成为全球受资助的 50 颗大学生制作立方体卫星之一。

（4）多功能立方体卫星平台探索　该作品重点开发了基于开放式接口的星务计算机软件 API 优化，开发了基于多传感器融合的姿态控制算法，设计实现了包括精太阳敏感器、星敏感器在内的姿态敏感器件算法，后期可根据任务对姿态控制精度需求进行方案灵活配置。该作品的设计目的是解决目前 500km 以下低地球轨道的空间试验和应用需求不断增加，但卫星设计制造成本高、搭载机会少的问题。该作品可搭载尺寸不超过 10cm×10cm×4.6cm、重量不超过 2kg、平均功率不超过 2W 的载荷，如照相机、各类型传感器、微推进装置、空间搭载实验装置以及各种新型部组件等，实现低成本、短研发周期的空间探索任务应用，一方面能够极大降低卫星的研发制造和发射成本，降低航天产业的门槛；另一方面也能推动我国在纳卫星尤其是立方体纳卫星领域的发展，并促进相关规范标准的制定，充分发挥低成本立方体纳卫星的优势。

作品名称：人车交互式自主泊车系统

大类：科技发明制作 A 类

小类：信息技术

获奖情况：第十五届"挑战杯"特等奖

随着城市车辆的不断增加，有限的停车位已经无法满足停车需求，烦琐的车位寻找过程不仅浪费时间，还会造成多余的能源消耗，不符合低碳环保要求。目前市面上所见到的泊车系统大体分为两类：一类是基于视觉增强技术的泊车辅助系统，将清晰的环境信息和泊车路径通过显示屏呈现给驾驶人，辅助驾驶人进行泊车；另一类是融合距离检测和其他传感器的半自主泊车系统，但驾驶人仍然需要全程参与寻找车位和泊车过程。这两类泊车系统的适用范围有限。鉴于以上情况，该作品提出了一种人车交互式自主泊车系统，车辆能够利用车载传感器实现完全自主泊车，全程无须驾驶人参与，在停车问题上彻底解放了驾驶人。

本系统基于全景摄像头和距离传感器，配合远程终端（例如平板计算机或者手机）实现人车交互功能，通过中短距离自主驾驶实现多模式自主泊车功能。当驾驶人到达目的地后，下车用手机终端向车辆发送泊车指令，车辆接收到指令之后自主寻找车位并进行泊车；当驾驶人需要用车时，通过手机终端向车辆发送叫车指令，车辆会自主出库，提前在指定地点等待驾驶人。相关示意图以及实物展示如图 3-18 所示。

图 3-18　相关示意图以及实物展示

人车交互式自主泊车系统的整体设计方案包括人车交互特性、环境检测模块、路径规划模块和路径跟踪模块。人车交互特性是整个系统的亮点，基于 Android 系统的手机终端实现了对车辆泊车过程的远程操控。环境检测模块通过全景摄像头和距离传感器对周围环境进行组合建模，准确定位车辆和识别车位，将位置信息发送至路径规划模块，规划出无碰撞泊车路径，最后由路径跟踪模块完成车辆对泊车路径的跟踪过程。

本项目所用的自主车平台由一辆北极星全地形车改装而成，搭载了多种车载传感器，例如全景摄像头、激光雷达、惯导设备、毫米波雷达、里程计等。自主泊车系统所用的车载传感器主要是全景摄像头和激光雷达。全景摄像头安装在自主车最顶端，采集到的环境信息距离更远、范围更广，全景图像的盲区更少。激光雷达安装在全景摄像头正下方，同样位于整车顶部，通过扫描周围障碍物的信息，计算出可通行区域，并在可通行区域中寻找车位，降低了图像处理复杂度，节省了程序处理时间。

人车交互模块的设计基于 Android 系统平台，通过互联网与车辆进行数据通信，用来发送泊车指令，并接收车辆返回的信息。发送的泊车指令包括车辆漫游寻找车位指令、用户指定停车位指令。手机终端与车辆的通信通过 3G/4G 网络实现，接收模块连接到自主车工控机上，手机通过 3G/4G 网络发送泊车指令；接收模块接收到指令之后，通过串口接收程序判断指令类型，并进入相应的执行程序。自主泊车系统通过自主车车载传感器对周围环境进行建模，然后对环境信息进行处理，融合深度信息和视觉信息识别停车位。车载激光雷达能够获得车辆附近的可通行区域，全景摄像头获取车辆附近的车位图像信息，通过全景图像处理过程，车辆获取自身的位置及姿态、车位的位置等信息。对全景图像的处理过程包括逆透视变换、灰度化、滤波、二值化等，最后基于图像点线特征对车位框线进行提取和识别。车位识别的结果会发送到路径规划模块生成泊车路径。车辆根据环境检测模块给出的车位坐标，判断当前泊车方式为垂直泊车或水平泊车，然后规划满足车辆运动约束的无碰撞泊车路径。该作品提出的停车准备区域概念将泊车路径分为两个基本过程：首先判断当前位置是否在停车准备区域之内，若不在，则把车辆调整到停车准备区域中；然后根据车位坐标，规划相应的倒车入库的路径。基于变径圆思想的全局泊车路径规划能够规划出完整的泊车路径，由多个不同半径的圆弧组成，充分满足车辆模型的运动约束。泊车路径会发送到路径跟踪模块。路径跟踪模块由车载计算机控制，根据规划出的泊车路径，计算车辆控制参数，控制车辆并完成自主泊车过程。由于该作品所用的自主车平台本身具有自主驾驶能力，因此运动控制完全由车载计算机完成，通过航向角度闭环与模糊速度给定策略共同完成自主车的运动控制，保证了车辆对生成的泊车参考路径的完美跟踪。

3.3.6 "互联网+"大学生创新创业大赛

1. 大赛介绍

大赛由教育部、中共中央统战部、中共中央网络安全和信息化委员会办公室、国家发展和改革委员会、工业和信息化部、人力资源和社会保障部、农业农村部、中国科学院、中国工程院、国家知识产权局、国务院扶贫开发领导小组办公室、共青团中央共同主办。

1）以赛促学，培养创新创业生力军。大赛旨在激发学生的创造力，培养造就大众创业、万众创新生力军；鼓励广大青年扎根中国大地了解国情民情，在创新创业中增长智慧才干，在艰苦奋斗中锤炼意志品质，把激昂的青春梦融入伟大的中国梦，努力成长为德才兼备的有为人才。

2）以赛促教，探索素质教育新途径。把大赛作为深化创新创业教育改革的重要抓手，引导各地各高校主动服务国家战略和区域发展，开展课程体系、教学方法、教师能力、管理制度等方面的综合改革。以大赛为牵引，带动职业教育、基础教育深化教学改革，全面推进素质教育，切实提高学生的创新精神、创业意识和创新创业能力。

3）以赛促创，搭建成果转化新平台。推动赛事成果转化和产学研用紧密结合，促进"互联网+"新业态形成，服务经济高质量发展。以创新引领创业、以创业带动就业，努力形成高校毕业生更高质量创业就业的新局面。

参赛项目须真实、健康、合法，无任何不良信息，项目立意应弘扬正能量，践行社会主义核心价值观。参赛项目不得侵犯他人知识产权；所涉及的发明创造、专利技术、资源等必须拥有清晰合法的知识产权或物权；抄袭、盗用、提供虚假材料或违反相关法律法规一经发现即刻丧失参赛相关权利并自负一切法律责任。

主体赛事包括：①高教主赛道，分为创意组、初创组、成长组、师生共创组；②"青年红色筑梦之旅"赛道，分为公益组、商业组；③职教赛道，分为创意组、创业组；④国际赛道，分为商业企业组、社会企业组、命题组；⑤萌芽板块，从各类中学生赛事（教育部正式公布认可的竞赛）获奖项目中择优推荐。

大赛采用校级初赛、省级复赛、全国总决赛三级赛制（不含萌芽版块）。校级初赛由各院校负责组织，省级复赛由各地负责组织，全国总决赛由各地按照大赛组委会确定的配额择优遴选推荐项目。大赛组委会将综合考虑各地报名团队数、参赛院校数和创新创业教育工作情况等因素分配全国总决赛名额。

高等学校的学生主要参加高教主赛道。该赛道参赛项目能够将移动互联网、云计算、大数据、人工智能、物联网、下一代通信技术等新一代信息技术与经济社会各领域紧密结合，培育新产品、新服务、新业态、新模式；发挥互联网在促进产业升级以及信息化和工业化深度融合中的作用，促进制造业、农业、能源、环保等产业转型升级；发挥互联网在社会服务中的重要作用，创新网络化服务模式，促进互联网与教育、医疗、交通、金融、消费生活等深度融合。参赛项目主要包括以下类型：

1）"互联网+"现代农业，包括农林牧渔等。

2）"互联网+"制造业，包括先进制造、智能硬件、工业自动化、生物医药、节能环保以及新材料、军工等。

3）"互联网+"信息技术服务，包括人工智能技术、物联网技术、网络空间安全技术、大数据、云计算、工具软件、社交网络、媒体门户、企业服务、下一代通信技术等。

4）"互联网+"文化创意服务，包括广播影视、设计服务、文化艺术、旅游休闲、艺术品交易、广告会展、动漫娱乐、体育竞技等。

5）"互联网+"社会服务，包括电子商务、消费生活、金融、财经法务、房产家居、高效物流、教育培训、医疗健康、交通、人力资源服务等。

2. 作品介绍

作品名称："飞天工兵"智能空中作业机器人

高校：北京理工大学

获奖等级：第四届中国"互联网+"大学生创新创业大赛主赛道亚军

酷黑科技致力于用科技改变未来城市天空，并以此为企业愿景，作为中国智能无人空中接触性作业的开创者和在分体式智能飞行汽车领域的先驱者，深耕涵道式气动构型飞行器设计、制造、生产与销售领域，不断领先行业探索智能科技前沿技术，为复杂环境下陆地与空中协同运行提供完善的系统解决方案，以真正面向空中接触性作业、未来城市立体交通出行与物流行业痛点的智能装备，为中国在未来立体智能交通提前积累核心技术与产品，让"中国制造"到达世界的每一寸天空。

"飞天工兵"区别于现有开放式螺旋桨旋翼消费级无人机所侧重的娱乐和航拍领域的薄利多销，它将聚焦于企业端和政府端市场，通过标准模块化的涵道飞行平台配合定制开发的执行机构，使其可以完成普通开放螺旋桨式无人机无法完成的复杂环境下的高空接触性执行作业，产生极高的产品附加值，电力、桥梁、消防等领域在未来五年内将有近万亿元的庞大市场容量。

"飞天工兵"基于涵道式气动构型飞行平台，具备开放式螺旋桨飞行器无法比拟的优势，包括体积小、噪声小、负载能力强、可适应复杂环境、不会打桨炸机、可实现与物体的"零距离"接触、安全性高等，配合智能执行机构可完成多项复杂环境下的空中作业。"飞天工兵"实物及其在电力系统巡线中的应用如图 3-19 所示。

图 3-19　"飞天工兵"实物及其在电力系统巡线中的应用

3.3.7　美国大学生数学建模竞赛

美国大学生数学建模竞赛由美国数学及其应用联合会主办，是唯一的国际性数学建模竞赛，也是世界范围内最具影响力的数学建模竞赛，是现今各类数学建模竞赛之鼻祖。

赛题内容涉及经济、管理、环境、资源、生态、医学、安全等众多领域。竞赛要求三人（本科生）为一组，在四天时间内，就指定的问题完成从建立模型、求解、验证到论文撰写的全部工作，体现了参赛选手研究问题、制定解决方案的能力及团队合作精神。

美国大学生数学建模竞赛分为两种类型：MCM（Mathematical Contest in Modeling）和 ICM（Interdisciplinary Contest in Modeling）。其中：MCM 始于 1985 年，ICM 始于 2000 年。两种类型的竞赛采用统一标准进行，竞赛题目出来之后，参数队伍通过官网进行选题，一共分为六种题型。MCM 有 A 连续型、B 离散型、C 大数据三种题型，ICM 有 D 运筹学/网络科学、E 环境科学、F 政策三种题型。MCM/ICM 着重强调研究和解决方案的原创性，团队合作、交流及结果的合理性，具有较为广泛的影响力。MCM/ICM 的奖项设置见表 3-7。

1985 年第一届 MCM 时，就有美国 70 所大学 90 个队参加，到 1992 年已经有美国及其他国家的 189 所大学 292 个队参加。2019 年，共有来自美国、中国、加拿大、英国、澳大利亚等 17 个国家和地区的 25370 个队参加，来自哈佛大学、普林斯顿大学、麻省理工学院、清华大学、北京大学、上海交通大学等国际知名高校的学生参与了此项赛事。

表 3-7 MCM/ICM 的奖项设置

奖项英文名称	译 名	2019 年获奖比例	简 称
Outstanding Winner	特等奖	0.14%	O 奖
Finalist	特等奖提名	0.17%	F 奖
Meritorious Winner	优异奖（一等）	7.09%	M 奖
Honorable Mention	荣誉奖（二等）	15.35%	H 奖
Successful Participant	成功参与奖	67.50%	S 奖
Unsuccessful Participant	不成功参赛	不计入统计	U 奖
Disqualified	资格取消	不计入统计	

3.3.8 国际大学生程序设计大赛

美国计算机协会（Association for Computing Machinery，ACM）于 1970 年发起组织了国际大学生程序设计竞赛（International Collegiate Programming Contest，ICPC），这是一项旨在展示大学生创新能力、团队精神和在压力下编写程序、分析和解决问题的年度竞赛。经过几十年的发展，ICPC 已经发展成为最具影响力的大学生计算机竞赛，被誉为计算机软件领域的奥林匹克竞赛。

ICPC 由各大洲区域赛（Regional）和全球总决赛（World Final）两个阶段组成。根据各赛区规则，每站前若干名的学校获得参加全球总决赛的资格，决赛安排在每年的 4 月—6 月举行，而区域赛一般安排在上一年的 9 月—12 月举行。一个大学可有多支队伍参加区域预赛，但只能有一支队伍参加全球总决赛。

ICPC 以团队的形式代表各学校参赛，每队最多由三名队员组成，每位队员必须是在校学生，取得学士学位超过两年或进行研究生学习超过两年的学生不符合参赛队员的资格，并且最多可以参加两次全球总决赛。

比赛期间，每支参赛队伍使用一台计算机需要在五个小时内使用 C、C++或 Java 中的一种编写程序解决 10～11 个问题，程序完成后提交裁判运行，运行的结果会判定为"AC（正确）/WA（错误）/TLE（超时）/MLE（超出内存限制）/RE（运行错误）/PE（格式错误）"中的一种并及时通知参赛队。每队在正确完成一题后，组织者将在其位置上升起一只代表该题颜色的气球。最后的获胜者为正确解答题目最多且总用时最少的队伍。每道题用时是从竞赛开始到试题解答被判定为正确为止，期间每一次提交运行结果被判错误的话将被加 20min 时间，不答的不多记时间。

3.3.9 中国（国际）传感器创新创业大赛

传感器技术融合了多种学科和技术，目前正在从传统仪表向各行业扩展，是发展物联网（智能电网/智能交通/智能物流/智能能源）、节能减排、环境保护、食品安全、工业安全、航天航空、生物工程、海洋工程、轨道交通、舰船工程的重要基础条件。传感器技术的革新与进步，不仅能够改善传感器产业，更将带动仪器仪表、测试测量、自动化控制及相关领域的全面提升，对国民经济将产生重大影响和深远意义。因此，在中国仪器仪表学会与教育部高等学校仪器类专业教学指导委员会的共同努力下，2012 年在上海大学成功举办了第一届中国（国际）传感器创新创业大赛。

该创新创业大赛的目的为服务建设创新型国家的战略，推动仪器仪表及传感器技术创新和行业发展；倡导创新思维，鼓励原创、首创精神，促进创新型人才培养；面向战略性新兴产业发展的需要，促进科技协同创新，实现研究成果与产业升级转型的融合。

竞赛作品须具有原创性、前沿性；作品要与传感器基础理论、实现方法、设计理念和工程应用相关，具有实际意义和应用前景；高等院校本科、研究生与他们的指导教师以组团方式完成；科研院所和企业工程技术人员以组团方式完成，并由作者单位批准提交。

大赛设"创新设想类""创新设计类"和"创新应用类"三类，以自由命题方式进行比赛。

1. 创新设想类

作品要求：提交在传感器原理、技术、设计方面的创新想法、理念、模型等，要求对所提创新设想进行理论分析或仿真验证，能对实际工程设计有所启发。

范围说明：创新设想类包括新型和传统等所有传感原理，重在对传感机理的探索（如创新想法、理念、模型等），以机理创新和可行性分析为评判依据，较适合高校师生参与。

提交方式：以文本形式（建议以论文形式）提交。作品必须有详细完整的技术说明，以保证技术的先进性、科学性。

2. 创新设计类

作品要求：提交各类传感器的创新设计方案，要求做出能验证设计目标的实物样机。

范围说明：包括物理量、化学量和生物量等所有传感量。重在对传感器技术性能指标或功能的创新设计和实现，以传感器指标或功能先进性和测试结果作为评判依据，较适合研究院所和企业技术人员参与。

提交方式：以视频（展示对产品或样机进行测量的全过程）和文本形式（建议以论文形式）提交，进入决赛须有实物展示。作品必须有详细完整的技术说明，以保证技术的先进性、科学性。同时必须提供所使用的相关测量仪器的型号，以及对产品或样机进行测试验证的测量数据（最好附屏幕截屏），作为证明其技术特性真实性的佐证。

3. 创新应用类

作品要求：提交面向实际应用的系统集成创新解决方案，要求仿真或实际验证系统设计目标实现的量化程度。

范围说明：创新应用类包括工业（连续、离散）、非工业等所有应用领域，包括分析仪器、物理性能测试仪器、计量仪器、电子测量仪器、海洋仪器、地球探测仪器、大气探测仪器、天文仪器、医学科研仪器、核仪器、特种检测仪器、工艺实验设备、计算机及其配套设备、激光器、光学仪器、自动化仪表等。重在传感系统创新应用，特别是对国民经济发展有重大推进作用的，以创新解决应用难点或开拓新应用领域并取得社会经济效益作为主要评判依据，较适合研究院所和企业技术人员参与。

提交方式：以视频（展示对产品或样机进行测量的全过程）和文本（建议以论文形式）形式提交，进入决赛须有实物或半实物模型展示。作品必须有详细、完整的技术说明，以保证技术的先进性、科学性。同时必须提供所使用的相关测量仪器的型号，以及对产品或样机进行测试验证的测量数据（最好附屏幕截屏），作为证明其技术特性真实性的佐证。

2018 年第四届大赛在河南工业大学举办，共有来自全国 95 所高校、16 家企业的 316 支队伍，超过 1000 名高校学生、指导教师、科研人员和工程技术人员参加。大赛收到作品 305 份，依据国内外 60 余位知名院士、专家组成的大赛专家委员会制定的评审标准，全国八大赛区（东北、华北、华中、华东、东南、华南、西南、西北）对参赛作品进行了初评，最终选出 50 件优秀作品参加决赛。大赛共决出特等奖 1 项、一等奖 5 项、二等奖 21 项、三等奖 23 项，其中航天长征火箭技术有限公司的用于低气压下的高精度风速风向传感器获得大赛唯一特等奖。

3.3.10　全国虚拟仪器大赛

为了培养高校在校生的科学兴趣，锻炼其综合素质，展现其创新能力，推动高校学生课外科技活动向更广和更深的层次发展，构建高校、行业协会和企业共同支持的拔尖创新人才培养的有效载体和卓越工程师培养平台，由中国仪器仪表学会、教育部高等学校仪器类专业教学指导委员会主办、美国国家仪器（NI）有限公司协办的全国虚拟仪器大赛于 2011 年正式开始举办。比赛每两年举办一次，已成为全国工科类院校公认的虚拟仪器领域最权威、最具影响力的大学生科技创新竞赛之一。

大赛原则上面向全国高等学校。竞赛首先在各个分赛区进行报名、预赛，各分赛区的优胜队将参加全国总决赛。每个学校可以根据竞赛规则选报不同组别的参赛队伍。每届比赛根据参赛队伍和队员情况，设置特等奖、一等奖、二等奖和三等奖等不同奖项，获奖队伍将被推荐参加全球图形化系统学生设计大赛，并有机会赴美参加 NIWeek 展示获奖作品。全国虚拟仪器大赛一般在每年的 7 月发布次年竞赛的命题和评比标准，并开始接受报名，于次年的 7 月进行全国总决赛。

大赛分软件组、创意孵化组、工程应用组、职业技能组四个组别。经过初赛评审，软件组入围决赛者将到承办高校进行现场编程开发完成决赛；创意孵化组和工程应用组的入围决赛者则在初赛作品基础上进行优化完善，并于决赛现场答辩与展示；职业技能组只设固定赛题决赛，不设初赛。下面概述创意孵化组和工程应用组的基本要求。

1. 创意孵化组

1）题目：自由命题，突出创意。

2）主题：采用主流的虚拟仪器硬件平台完成具有良好创新性、优秀创意并具有未来应用价值的解决方案。突出学生自主立意立项，富有未来商业想象空间。

3）要求：系统开发平台/应用方向。

4）软件开发平台推荐：LabVIEW、LabWindows/CVI 等主流虚拟仪器设计软件。

5）硬件开发平台推荐：

① 数据采集/模块化虚拟仪器：USB/PCI/PCMCIA/Wi-Fi/PXI 等接口的数据采集板/模块化仪器板卡。

② 软件无线电虚拟仪器平台：USRP 等软件无线电通信平台。

③ 嵌入式虚拟仪器系统：融合实时操作系统和 FPGA 技术的嵌入式虚拟仪器平台等。

6）系统设计：

① 立意创新，具有应用价值，能够充分展示并说明商业想象空间。

② 软件界面要求友好、交互、生动、形象。

③ 编程构架要求符合软件规范，并内嵌相应的说明与帮助文档。

④ 合理使用硬件平台构建系统。

⑤ 系统能够进行现场展示与答辩。

2. 工程应用组

1）题目：自由命题，突出前沿工程应用的先进性和产业价值。

2）主题：基于主流的虚拟仪器软、硬件平台，面向国家战略新兴产业技术方向实现工程应用平台开发。重点推荐领域为智能制造/工业大数据、新一代信息技术（5G）、新能源与智能网联汽车，同时也欢迎其他国家重点产业方向的工程应用项目参与。

3）要求：系统开发平台/应用方向。

4）软件开发平台推荐：LabVIEW、LabWindows/CVI、InsightCM、DIAdem、Veristand、LabVIEW Communications 等主流虚拟仪器设计软件及工程行业虚拟仪器应用软件等。

5）硬件开发平台推荐：

① 数据采集/模块化虚拟仪器：USB/PCI/PCMCIA/Wi-Fi/PXI 等接口的数据采集板/模块化仪器板卡。

② 软件无线电虚拟仪器平台：USRP 等软件无线电通信平台。

③ 嵌入式虚拟仪器系统：融合实时操作系统和 FPGA 技术的嵌入式虚拟仪器平台等。

6）系统设计：

① 符合国家战略新兴产业技术应用发展方向，具有明显工程应用价值，能够充分展示系统在引领产业发展中带来的价值。

② 软件界面要求友好、交互、生动、形象。

③ 编程构架与程序代码要求符合软件规范，并内嵌相应的说明与帮助文档。

④ 合理使用硬件平台构建系统。

⑤ 系统能够进行现场展示与答辩。

2017 年第四届全国虚拟仪器大赛有来自全国 158 所高校的 915 支队伍报名参赛，实际征集到学生创新作品 631 份，涉及众多学科与实际工业应用领域。最终 61 支参赛队，分获创意孵化组、工程应用组及软件组一、二、三等奖，其中来自西安交通大学的参赛队凭借"身外化身——具备触觉与视觉反馈的体感机器人"获特等奖。

中国仪器仪表学会在多年举办传感器大赛和虚拟仪器大赛的基础上，经过充分调研和论证，初步决定将两个大赛进行合并，合并后的比赛名称、内容和基本要求目前还在征求意见的阶段，这也符合高等教育改革的方向，新的比赛将会以更全面和更综合的方式呈现，对学生综合能力的培养也提出了更高要求。

3.4 创新与实践能力提升的学术训练

3.4.1 本科阶段如何检索文献

本节以西安交通大学图书馆的电子文献数据库为例，简要阐述国内外有影响力的文献资源，以帮助本科生在开展创新科技活动的过程中充分利用学术资源。

1. 期刊论文

（1）中国知网系列数据库　中国知识基础设施（China National Knowledge Infrastructure，

CNKI）工程是以实现全社会知识信息资源传播共享与增值利用为目标的国家信息化重点工程。中国知网（www.cnki.net）是中国学术期刊（光盘版）电子杂志社和同方知网（北京）技术有限公司共同主办的出版网站，是 CNKI 各类知识信息内容的数字出版平台和知识服务平台。中国知网是中国学术期刊（光盘版）电子杂志社编辑出版的以"中国学术期刊（光盘版）"全文数据库为核心的数据库。收录资源包括期刊、博硕士论文、会议论文、报纸等学术与专业资料；覆盖理工、社会科学、电子信息技术、农业、医学等广泛学科范围，数据每日更新并支持跨库检索。中国学术期刊（网络版）是我国公开出版发行的学术期刊（含英文版）全文文献。至 2019 年 3 月 18 日，累计收录 8684 种期刊，文献量达 5393 万余篇。

（2）万方数据知识服务平台　万方智搜是万方数据股份有限公司全新推出的学术资源发现平台，整合数亿条全球优质数据资源，包括学术期刊、学位论文、会议论文、科技报告、专利、标准、科技成果、法律法规等子库。期刊资源包括中文期刊和外文期刊。其中：收录自 1998 年以来的中文期刊 8000 余种，包括核心期刊 3200 余种，且包含中华医学会、中国医师协会期刊全文；外文期刊论文收录了 1995 年以来世界各国出版的 20900 种重要学术期刊，主要来源于国家科技图书文献中心（NSTL）外文文献数据库以及牛津大学出版社等国外出版机构。

（3）维普中文期刊服务平台　这是维普资讯推出的期刊资源型产品，在"中文科技期刊数据库"的基础上，以数据质量和资源保障为产品核心，对数据进行整理、信息挖掘、情报分析和数据对象化，充分发挥数据价值，完成了从"期刊文献库"到"期刊大数据平台"的升级。平台累积收录期刊约 14000 余种，其中现刊 9456 种，核心期刊 1983 种，文献总量 6400 余万篇，回溯年限 1989 年，部分期刊回溯至创刊年，学科分类包括医药卫生、农业科学、机械工程、自动化与计算机技术、化学工程、经济管理、政治法律、哲学宗教、文学艺术等 35 个大类，457 个小类。

（4）Elsevier ScienceDirect OnLine（SDOL）　这是 Elsevier 出版社全文电子期刊数据库。荷兰 Elsevier 出版集团是全球最大的科技与医学文献出版发行商之一，已有 180 多年的历史。ScienceDirect 系统是 Elsevier 公司的核心产品，自 1999 年开始向用户提供电子出版物全文的在线服务，包括 Elsevier 出版集团所属的 2500 多种同行评议期刊和 30000 多种系列丛书、手册及参考书等，涉及物理学与工程、生命科学、健康科学、社会科学与人文科学四大学科领域，数据库收录全文文章总数已超过 1300 万篇。

（5）IEEE/IET Electronic Library（IEL）　这是美国电气和电子工程师协会（IEEE）旗下最完整、最有价值的在线数字资源，通过智能的检索平台提供全面的文献信息。内容覆盖了电气电子、航空航天、计算机、通信工程、生物医学工程、机器人自动化、半导体、纳米技术、电力等各种技术领域。IEL 数据库提供 170 余种 IEEE 和 20 余种 IET（英国工程技术学会）出版的期刊与杂志，1 种 BLTJ 期刊；每年 1400 多种 IEEE 会议录和 20 多种 IET 会议录，总量超 17000 卷；60 多种 VDE 会议录，超过 4500 篇；2600 多种 IEEE 标准（包括现行标准和存档标准，标准草案需额外订购）。IEL 有 300 多万篇全文文档，提供 1988 年以后的全文文献，部分历史文献回溯到 1872 年。

（6）SPIE 电子期刊、会议录、电子图书　国际光学工程学会（International Society for Optical Engineering）成立于 1955 年，原名为光学与光学仪器工程师学会（Society of Photo-Optical Instrumentation Engineers，SPIE）是致力于光学、光子学、光电子学和成像领域的研究、工程

和应用的著名专业学会。

（7）SpringerLink　这是 Springer 出版社电子期刊及电子图书。施普林格·自然集团是目前全球最大的学术书籍出版公司，同时出版全球具有广泛影响力的期刊，也是开放研究领域的先行者之一，2015 年由自然出版集团、帕尔格雷夫·麦克米伦、麦克米伦教育、施普林格科学与商业媒体合并而成。SpringerLink 平台整合了原 Springer 的出版资源、原 Palgrave 的电子书，收录文献超过 1000 万篇，包括图书、期刊、参考工具书、实验指南和数据库，其中收录电子图书超过 22 万种，最早可回溯至 20 世纪 40 年代。涵盖学科包括行为科学、工程学、生物医学和生命科学、人文、社科和法律、商业和经济、数学和统计学、化学和材料科学、医学、计算机科学、物理和天文学、地球和环境科学、计算机职业技术与专业计算机应用、能源。

（8）Web of Science　这是 Clarivate Analytics（科睿唯安，原汤森路透-知识产权与科技）开发的信息服务平台，支持自然科学、社会科学、艺术与人文科学的文献检索，文献数据来源于期刊、图书、专利、会议录、网络资源（包括免费开放资源）等。用户可以同时对该平台上已订购的所有数据库进行跨库检索或选择其中的某个数据库进行单库检索。Web of Science Core Collection（WOSCC）是有世界影响的多学科学术文献文摘索引数据库，包含 10 个子库，其中，3 个期刊引文子数据库 Science Citation Index Expanded（SCIE，1900 年至今）、Social Sciences Citation Index（SSCI，1998 年至今）和 Arts & Humanities Citation Index（A&HCI，1998 年至今）在世界具有重要影响。数据来源于自然科学、社会科学、艺术与人文科学等多学科领域的超过 1.2 万种期刊，数据每周更新。为及时反映全球快速增加的科技和学术活动，Emerging Sources Citation Index（ESCI）收录数千种尚处于严格评审过程中、后期可能进入上述 3 个期刊引文数据库的期刊，关注重点为一些区域的重要期刊、新兴研究领域以及交叉学科。因而 ESCI 成为上述 3 个期刊引文数据库的有益补充。

2. 会议论文

（1）万方学术会议全文数据库　万方国家一级学术会议全文数据库包含国家一级学会在国内组织召开的全国性的学术会议的会议论文。

（2）IEEE/IEE Conference Proceedings-IEL　收录了 IEEE 和英国电气工程师学会（IEE）出版的会议录全文。

（3）ISI Proceedings-ISTP　汇集了 1998 年以来世界上最新出版的会议录资料，主要包括专著、丛书、预印本及来源于期刊的会议论文，提供了综合全面、多学科的会议论文资料。在 ISTP 可以看到论文的题录和文摘。

（4）SPIE Digital Library　收录了国际光学工程学会从 1998 年到现在的会议录全文（会议录从第 3245 卷起，约 70000 篇论文）。

（5）ACM Proceedings-ACM Digital Library　收录了美国计算机协会的会议录全文。

（6）AIP Conference Proceedings　该数据库提供 2000 年以来的美国物理联合会（American Institute of Physics，AIP）的会议录全文。

3. 学位论文

（1）检索国内学位论文数据库

1）CALIS 学位论文中心服务系统。面向全国高校师生提供中外文学位论文检索和获取服务。目前博硕士学位论文记录逾 384 万条，包括中文学位论文约 172 万条，外文学位论文约 212 万条。该系统提供检索结果与 CALIS"文献传递"的链接，读者可直接在线提交申请以获取学位论文全文。

　　2）国家科技图书文献中心。该数据库主要收录了 1984 年至今我国高等院校、研究生院及研究院所发布的硕士、博士和博士后的论文。学科范围涉及自然科学各专业领域，并兼顾社会科学和人文科学，每年增加论文 6 万余篇。

　　3）中国学位论文文摘数据库。这是万方数据库，数据来自中国科技信息研究所，收录了 1986 年以来我国自然科学和社会科学各领域的硕士、博士及博士后研究生论文的文摘信息，包括论文题名、作者、专业、授予学位、导师姓名、授予学位单位、馆藏号、分类号、论文页数、出版时间、主题词、文摘等字段信息。涉及自然科学和社会科学领域各个专业。

　　4）中国优秀博/硕士论文全文数据库。该库收录了 2000 年以来 300 多家博士授予单位的博硕论文，文献量达 2 万多本，内容涉及计算机、生物、医学、管理等相关科学。

　　5）中国科技信息研究所学位论文检索。中国科技信息研究所是国家指定学位论文收藏机构之一，收藏 20 世纪 80 年代以来近 30 万篇学位论文。

　　（2）检索国外学位论文

　　1）PQDD 博硕士论文摘要数据库。美国 ProQuest Information and Learning 公司是世界一流的信息收集、组织和发行商。PQDD 收录 1861 年以来欧美 1000 余所大学的超过 170 万条记录的博硕士论文文摘和索引。数据库中除收录与每篇论文相关的引文外，1980 年以后出版的博士论文信息中包含了作者本人撰写的长达 350 个字的文摘，1988 年以后出版的硕士论文信息中含有 150 个字的文摘，对 1997 年以后出版的论文，可免费浏览前 24 页内容。

　　2）ProQuest 学位论文全文库。ProQuest 是美国国会图书馆指定的收藏全美国博硕士论文的机构，ProQuest Dissertations & Theses Global（PQDT Global）是国外博硕士论文数据库，PQDT Global 是目前世界上规模最大、使用最广泛的博硕士论文数据库。收录 1743 年至今全球超过 3000 余所高校、科研机构逾 448 万篇博硕士论文信息，其中，博硕士学位论文全文文献逾 218 万篇，涵盖了 1861 年获得通过的全世界第一篇博士论文（美国）。PQDT Global 内容覆盖科学、工程学、经济与管理科学、健康与医学、历史学、人文及社会科学等各个领域。每周更新，年增论文逾 13 万篇。

4．专利

　　（1）查找国内专利

　　1）国家知识产权局中国专利数据库。该库收录了 1985 年 9 月 10 日以来公布的全部中国专利信息，发明、实用新型和外观设计三种专利的著录项目及摘要，可免费检索，TIFF 图像格式的各种说明书全文及外观设计图形可免费下载。

　　2）中国专利信息中心的中国专利信息检索系统。本系统共提供 11 个检索入口，并允许各个检索条件之间进行复杂的逻辑运算。检索入口分别为申请号、申请日、公开/公告号、公开/公告日、IPC 分类号、文摘、国/省代码、发明人、申请人、发明名称、申请人地址。可浏览中国专利的公开文本和部分审定文本（TIF 文件）。

　　（2）查找国外专利

　　1）DERWENT Innovations Index（DII）。收录 1963 年以来来自全球 40 多个专利机构（涵盖 100 多个国家）的一千多万条基本发明专利，2000 多万条专利情报。

　　2）esp@cenet 欧洲专利局世界专利检索系统。该系统收录 1836 年以来全世界专利文献，总计超过 5000 万条记录，其中多数为专利申请案，可直接或通过相同专利免费下载 PDF 或

HTML 格式说明书全文。用户可直接检索全世界专利，也可进入子库单独检索日本、世界知识产权组织、欧洲专利局、英国等专利组织和 20 多个欧洲专利局成员国的专利。

3）USPTO（美国专利与商标局）专利数据库。每周更新，并提供两个专利数据库：①Issued Patents（PatFT）（授权专利数据库）可检索 1790 年以来已授权美国专利，全部免费提供说明书全文，其中 1975 年前的专利只提供图像格式（TIFF 格式）专利说明书，1976 年后还提供了 HTML 格式专利全文；②Published Applications（AppFT）（公开专利数据库）可检索 2001 年 3 月以来公开的专利申请，全部免费提供图像格式和 HTML 格式全文，包括实用专利（Utility Patent）、外观设计专利（Design Patent）、植物专利（Plant Patent）、再公告专利（Reissued Patent、防卫性公告（Defensive Publication）和法定发明登记（SIR）。

3.4.2　本科阶段如何撰写论文

1．论文写作的要求

（1）题目　科学论文都有题目，不能"无题"。论文题目一般 20 字左右。题目大小应与内容符合，尽量不设副题，不用第 1 报、第 2 报之类。论文题目都用直叙口气，不用惊叹号或问号，也不能将科学论文题目写成广告语或新闻报道用语。

（2）署名　科学论文应该署真名和真实的工作单位，主要体现责任、成果归属并便于后人追踪研究。严格意义上的论文作者是指对选题、论证、查阅文献、方案设计、建立方法、实验操作、整理资料、归纳总结、撰写成文等全过程负责的人，应该是能解答论文的有关问题者。现在往往把参加工作的人全部列上，那就应该以贡献大小依次排列。论文署名应征得本人同意。学术指导人根据实际情况既可以列为论文作者，也可以一般致谢。

（3）引言　引言是论文引人入胜之言，很重要，要写好。一段好的论文引言常能使读者明白这份工作的发展历程和在这一研究方向中的位置。要写出论文立题依据、基础、背景、研究目的。要复习必要的文献、写明问题的发展。文字要简练。

（4）材料和方法　按规定如实写出实验对象、器材、动物和试剂及其规格，写出采用的实验方法、指标、判断标准等，写出实验设计、分组、统计方法等。这些按杂志对论文投稿的规定即可。

（5）实验结果　应高度归纳，精心分析，合乎逻辑地铺叙。应该去粗取精，去伪存真，但不能因不符合自己的意图而主观取舍，更不能弄虚作假。只有在技术不熟练或仪器不稳定时期所得的数据、在技术故障或操作错误时所得的数据和不符合实验条件时所得的数据才能废弃不用。而且必须在发现问题当时就在原始记录上注明原因，不能在总结处理时因不合常态而任意剔除。废弃这类数据时应将在同样条件下、同一时期的实验数据一并废弃，不能只废弃不合己意者。

实验结果的整理应紧扣主题，删繁就简，有些数据不一定适合于这一篇论文，可留作他用，不要硬行拼凑到一篇论文中。论文行文应尽量采用专业术语。能用表的不要用图，可以不用图表的最好不要用图表，以免多占篇幅，增加排版困难。文、表、图互不重复。实验中的偶然现象和意外变故等特殊情况应做必要的交代，不要随意丢弃。

（6）讨论　讨论是论文中比较重要也是比较难写的一部分。应统观全局，抓住主要的有争议问题，从感性认识提高到理性认识进行论述。要对实验结果做出分析、推理，而不要重复叙述实验结果。应着重对国内外相关文献中的结果与观点做出讨论，表明自己的观点，尤其不应回避相对立的观点。论文的讨论中可以提出假设，提出本题的发展设想，但是分寸应该恰当，不能写成"科幻"或"畅想"。

（7）结语或结论　论文的结语应写出明确可靠的结果，写出确凿的结论。论文的文字应简洁，可逐条写出。不要用"小结"之类含糊的词。

（8）参考文献　这是论文中很重要、也是存在问题较多的一部分。列出论文参考文献的目的是让读者了解论文研究命题的来龙去脉，便于查找，同时也是尊重前人劳动，对自己的工作有准确的定位。因此这里既有技术问题，也有科学道德问题。

一篇论文中几乎自始至终都有需要引用参考文献之处。例如，论文引言中会引上对本题最重要、最直接有关的文献，在方法中会引上所采用或借鉴的方法，在结果中有时要引上与文献对比的资料；在讨论中会引上与论文有关的各种支持的或有矛盾的结果或观点等。

一切粗心大意、不查文献，故意不引、自鸣创新，贬低别人、抬高自己，避重就轻、故作姿态的做法都是错误的。其中，不查文献、漏掉重要文献、故意不引别人文献或有意贬损别人工作等错误是比较明显、容易发现的。有些做法则比较隐蔽，例如，将该引在引言中的，把它引到讨论中。这就将原本是自己论文的基础或先导，却放到和论文平起平坐的位置。又如，科研工作总是逐渐深入发展的，自己的工作总是在前人工作基石上发展起来的。正确的写法应是，某年某人对本题做出了什么结果，某年某人在这基础上又做出了什么结果，现在自己在他们基础上完成了这一研究。这是实事求是的态度，这样表述丝毫无损于自己的贡献。有些论文作者却不这样表述，而是说，某年某人做过本题没有做成，某年某人又做过本题仍然没有做成，现在自己做成了。这就不是实事求是的态度。这样有时可以糊弄不明真相的外行人，但只需内行人一戳，纸老虎就破，结果弄巧成拙，丧失信誉。

（9）致谢　论文的指导者、技术协助者、提供特殊试剂或器材者、经费资助者和提出过重要建议者都属于致谢对象。论文致谢应该是真诚的、实在的。不要泛泛地致谢，不要只谢教授不谢旁人。写论文致谢前应征得被致谢者的同意，不能拉大旗作虎皮。

（10）摘要或提要　摘要或提要以 200 字左右简要地概括论文全文，通常放在篇首。论文摘要需精心撰写，有吸引力。要让读者看了论文摘要就像看到了论文的缩影，或者看了论文摘要就想继续看论文的有关部分。此外，还应给出几个关键词，关键词应写出真正关键的学术词汇，不要硬凑一般性用词。

2. 写好论文的关键

论文写作前应如实地全盘考虑。如实评价自己取得了什么新的成果，起到了什么作用。应该问一下自己，这些结果值不值得写，该不该由自己来写，该写些什么，该不该这样写，等等。对自己的工作既不要自以为是，妄自尊大；也不要缺乏信心，妄自菲薄。应该坚持实事求是，尊重科学，尤其下面几个关系要处理好：

1）材料、观点和文字　材料是基础，观点是灵魂，文字是外在表现。材料和观点是重要内容，文字是形式。形式是表现内容的，内容要通过形式来表现，三者的结合是内容和形式的统一。

2）材料来源于实验　设计的好坏直接影响材料获得的效率与质量。整篇论文是由若干部分工作组成的，每一部分工作是由每次实验材料积累起来的。因此要善待每天的实验，每天工作时都要考虑到这一数据在将来论文中的可能位置；对每一张记录都要认真收集保存。材料要真实可靠，数据要充足。一篇论文一定要有新现象、新处理、新效果、新观点。

3）观点应明确，客观辩证。不要也不能回避观点。从定题到结论，处处有观点，因此观点是灵魂。讨论观点时不要强词夺理，不要自圆其说，力戒片面性、主观性、随意性。也不要怕观点错误，不要怕改正错误。要百家争鸣，通过争鸣，认识真理。文字要自然流畅，但也不要华丽雕琢，目的是"文以载道"。叙述要合乎逻辑，层次分明，朴素真实。

3.4.3　本科阶段如何撰写专利申请文件

1．专利申请文件的内容

申请文件撰写的好坏将直接影响到专利审批的过程，也同样会影响到授权后专利的稳定性。发明或者实用新型专利权的保护范围以其权利要求书的内容为准，说明书及附图可以用于解释权利要求的内容。说明书是对发明内容的详细介绍，权利要求书是在说明书记载内容的基础上，用构成发明技术方案的技术特征来定义专利权的保护范围。而摘要是说明书公开内容的概述，它仅是一种技术情报，不具有法律效力，摘要的内容不属于发明或者实用新型原始公开的内容，不能作为以后修改说明书或权利要求书的根据，也不能用来解释专利权的保护范围。

在权利要求书、说明书和摘要中，权利要求书处于主导地位，它限定了专利权的保护范围，是衡量专利权是否囊括已知技术，即是否具备新颖性和创造性的基础。判断新颖性和创造性是以权利要求书所限定的技术方案为准，而不是以说明书记载的内容为准。另外，权利要求书的内容与说明书的内容不能相互脱节，两者之间应当有一种密切的关联。

根据《中华人民共和国专利法》第二十六条的规定，权利要求书应当以说明书为依据，清楚、简要地限定要求专利保护的范围。因此，说明书是权利要求书的基础和依据，在专利权被授予后，特别是在发生专利纠纷时，说明书可用于解释权利要求，确定专利权的保护范围。

2．权利要求书的撰写

权利要求包括产品权利要求（包括物的权利要求：物品、物质、材料，如工具、装置、设备、仪器、部件、元件、线路、合金、涂料、水泥、玻璃、组合物、化合物）和方法权利要求（包括活动的权利要求：有时空要素的活动，也就是时间上的先后顺序和空间上的不同地点或移动，如制造方法、使用方法、通信方法、处理方法、安装方法以及将产品用于特定用途的方法等）。

产品发明应写成产品权利要求，采用产品的结构特征来描述；方法发明应写成方法权利要求，采用方法特征，如工艺过程、操作条件、步骤或者流程等技术特征来描述。

产品权利要求要求用产品的结构特征来描述，可以描述产品具体的部件，部件的不同形状，各部件的连接关系，相互之间的作用。通常对于产品权利要求而言，应当尽量避免使用功能或效果特征来限定，只有当该产品难以用结构特征来进行描述，而用方法技术特征来描述该产品反而更为清楚时，可以使用功能或效果或制作方法来限定产品，尽量不要出现纯功能性的权利要求。

方法权利要求应当用工艺过程、操作条件、步骤或流程等来描述，有时方法权利要求也可有产品结构特征，如一种加工方法中用到了粉碎机，并表述了该粉碎机特定的结构，但粉碎机的结构对该方法权利要求的新颖性和创造性没有任何影响，这里面强调的是方法权利要求也可以出现结构特征，但结构特征不起主导作用。

权利要求中记载的各个技术特征以及各个技术特征之间的关系应当清楚，正面描述，避免采用否定句式而造成保护范围不当。权利要求的用词要简明，除记载技术特征外，不应写入发明原理、目的、用途、效果等内容。权利要求的数目应适当，不应写入仅仅是文字表达不同而实质内容完全相同的权利要求。

从属权利要求应是对其引用权利要求的进一步限定，其保护范围应落在被引用的权利要求的保护范围之内，不得出现从属权利要求与其所引用的权利要求保护范围相同或比其所引用的权利要求保护范围大的情况。

3．说明书的撰写

（1）说明书应当满足的要求　《中华人民共和国专利法》第二十六条明确规定，说明书应当对发明或者实用新型做出清楚、完整的说明，以所属技术领域的技术人员能够实现为准。也就是说，说明书应当满足充分公开发明或者实用新型的要求，关于"所属技术领域的技术人员"的含义，说明书的内容应当清楚，具体应满足下述要求：

1）主题明确。说明书应从现有技术出发，明确反映出发明或者实用新型想要做什么和如何去做，使所属专利技术领域的技术人员能够确切地理解该发明或者实用新型要求保护的主题。换句话说，说明书应当写明发明或者实用新型所要解决的技术问题以及解决其技术问题采用的技术方案，并对照现有技术写明发明或者实用新型的有益效果。上述技术问题、技术方案和有益效果应当相互适应，不得出现相互矛盾或不相关联的情形。

2）表述准确。说明书应当使用发明或者实用新型所属技术领域的技术术语。说明书的表述应当准确地表达发明或者实用新型的技术内容，不得含糊不清或者模棱两可，以致所属技术领域的技术人员不能清楚、正确地理解该发明或者实用新型。完整的说明书应当包括有关理解、实现发明或者实用新型所需的全部技术内容。

（2）说明书应当包含的内容

1）帮助理解发明或者实用新型不可缺少的内容。例如，有关所属技术领域、背景技术状况的描述以及说明书有附图时的附图说明等。

2）确定发明或者实用新型具有新颖性、创造性和实用性所需的内容。例如，发明或者实用新型所要解决的技术问题，解决其技术问题采用的技术方案和发明或者实用新型的有益效果。

3）实现发明或者实用新型所需的内容。例如，为解决发明或者实用新型的技术问题而采用的技术方案的具体实施方式。对于克服了技术偏见的发明或者实用新型，说明书中还应当解释为什么说该发明或者实用新型克服了技术偏见，新的技术方案与技术偏见之间的差别以及为克服技术偏见所采用的技术手段。应当指出，凡是所属技术领域的技术人员不能从现有技术中直接、唯一地得出的有关内容，均应当在说明书中描述。

（3）说明书的组成部分　发明或者实用新型专利申请的说明书应当写明发明或者实用新型的名称，该名称应当与请求书中的名称一致。说明书应当包括以下组成部分：

1）技术领域。写明要求保护的技术方案所属的技术领域，这是指发明或实用新型直接所属或直接应用的技术领域，既不是所属或应用的广义技术领域，也不是其相邻技术领域，更不是发明或实用新型本身。一般可按国际分类表确定其直接所属技术领域，尽可能确定在其最低的分类位置上。此外应体现发明或实用新型的主题名称和类型。最后就是不应包括发明或实用新型的区别技术特征。

2）背景技术。写明对发明或者实用新型的理解、检索、审查有用的背景技术，并引证反映这些背景技术的文件。

3）发明或实用新型内容。写明发明或实用新型所要解决的技术问题以及解决其技术问题采用的技术方案，并对照现有技术写明发明或者实用新型的有益效果；这部分是说明书的核心部分，其描述应使所属技术领域的技术人员能够理解，并能解决所要解决的技术问题。

4）附图说明。说明书有附图的，对各幅附图做简略说明；实用新型的说明书中必须有附图，机械、电学、物理领域中涉及产品结构的发明说明书也必须有附图。

5）具体实施方式。详细写明申请人认为实现发明或者实用新型的优选方式；必要时举例说明；有附图的，对照附图说明。至少具体描述一个具体实施方式，描述的具体化程度应当达到使所属技术领域的技术人员按照所描述的内容能够重现发明或者实用新型，而不必再付出创造性劳动，如进行摸索研究或者实验；具体实施方式的描述应当与发明或者实用新型的技术方案相应，并对权利要求中的技术特征给予详细说明，以支持权利要求。

6）说明书摘要。应写明发明或者实用新型所公开内容的概要，即写明发明或实用新型的名称和所属技术领域，并清楚地反映所要解决的技术问题、解决该问题的技术方案的要点及主要用途。

本章小结

创新与实践能力培养是高校本科教学工作的重要组成部分，也是提升学生综合能力的重要措施。本章首先介绍了创新精神的内涵和人才培养的实践需求；其次从实验与实践、课外科技活动、校企合作新模式及国际化视野四个方面阐述了这些培养环节对学生创新能力培养的支撑作用；然后重点介绍了可以展现创新与实践能力培养效果的学科类竞赛平台和科技作品类竞赛平台，给出了相应的作品介绍，帮助学生了解竞赛平台的特点和水平；最后对文献检索、论文和专利撰写的基本要求进行了介绍，帮助学生了解创新与实践能力培养的入口（能够进行文献检索）和出口（能够撰写论文或者专利）能力要求，从而为后续开展相关研究工作奠定良好的基础。

思考题与习题

1．简述创新和实践的定义、内涵及其内在的关系。

2．了解全国大学生数学建模竞赛等学科类竞赛，并思考其在创新与实践能力培养中的地位和作用。

3．了解"挑战杯"全国大学生课外学术科技作品竞赛，以一件作品为例，提出自己的改进方案。

4．了解"互联网+"大学生创新创业大赛，以一个参赛组别为例，设计一项"互联网+"的创新设计方案。

5．了解美国大学生数学建模竞赛，并以某年的竞赛题目为例，尝试做一个数学建模方案的设计。

6．学会用中国知网检索中文文献，选取一个关键词，进行文献的检索，并能够撰写综述报告。

7．学会用 IEEE/IET Electronic Library (IEL)数据库检索外文文献，选取一个关键词，进行文献的检索与综述。

8．了解一篇中文核心期刊论文的主要结构及内容，并对其研究内容提出改进意见。

9．了解一篇外文期刊论文的主要结构及内容，并对其研究内容提出改进意见。

10．了解一篇发明专利的主要结构和内容，并对其研究内容提出改进意见。

参考文献

[1]　全国大学生数学建模竞赛组委会. 全国大学生数学建模竞赛章程[EB/OL]. (2019-03-01) [2019-10-10]. http://www.mcm.edu.cn/html_cn/block/44e92058f537729c6b6a62a3662ee417.html.

[2]　全国大学生数学建模竞赛组委会. 历年竞赛赛题[EB/OL]. (2019-09-12) [2019-10-10]. http://www.mcm.edu.cn/html_cn/block/8579f5fce999cdc896f78bca5d4f8237.html.

[3]　全国大学生电子设计竞赛组委会. 全国大学生电子设计竞赛章程[EB/OL]. (2020-02-19) [2020-10-05]. http://nuedc.xjtu.edu.cn/index/index/detail/id/46/catid/17.html.

[4]　全国大学生电子设计竞赛组委会. TI 杯 2019 全国大学生电子设计竞赛题 B——巡线机器人[EB/OL]. (2019-08-07) [2019-10-15]. https://www.nuedc-training.com.cn/index/news/details/new_id/147.

[5]　全国大学生光电设计竞赛组委会. 全国大学生光电设计竞赛委员会关于举办第八届全国大学生光电设计竞赛的通知[EB/OL]. (2020-06-01) [2020-10-05]. http://opt.zju.edu.cn/gdjs/2020/0601/c49669a2134517/page.htm.

[6]　全国大学生光电设计竞赛组委会. 关于公布第六届全国大学生光电设计竞赛题目细则的通知[EB/OL]. (2018-03-12) [2019-10-20]. http://opt.zju.edu.cn/gdjs/2018/0312/c49667a2089124/page.htm.

[7]　全国大学生机器人大赛组委会. 大赛简介[EB/OL]. (2019-10-14) [2019-12-05]. http://www.cnrobocon.net./#/about/introduce.

[8]　全国大学生机器人大赛组委会. 第十九届全国大学生机器人大赛 ROBOCON 比赛规则[EB/OL]. (2019-12-03)[2019-12-05]. http://www.cnrobocon.net.#/notice/198.

[9]　"挑战杯"全国大学生课外学术科技作品竞赛组委会. 竞赛章程[EB/OL]. (2012-11-27) [2019-12-15]. http://www.tiaozhanbei.net/rules.

[10]　"挑战杯"全国大学生课外学术科技作品竞赛组委会. 作品库[EB/OL]. (2017-11-18) [2019-12-15]. http://www.tiaozhanbei.net./project/.

[11]　教育部. 教育部关于举办第六届中国国际"互联网+"大学生创新创业大赛的通知[EB/OL]. (2020-06-03) [2020-10-10]. http: //www.moe.gov.cn/srcsite/A08/s5672/202006/t20200604_462707.html.

[12]　"互联网+"大学生创新创业大赛组委会. "飞天工兵"智能空中作业机器人[EB/OL]. (2019-01-07) [2019-12-20]. https://cy.ncss.cn/search/2c92f8ef63b90a4f0163dac733f56b3d.

[13]　Mathematical Contest in Modeling/The Interdisciplinary Contest in Modeling (MCM/ICM). What We Do[EB/OL]. (2020-04-08) [2020-10-09]. https://www.comap.com/about/what-we-do.html.

[14]　International Collegiate Programming Contest. World Finals Rules for 2020[EB/OL]. (2019-10-05) [2019-12-20]. https://icpc.baylor.edu.

[15]　中国仪器仪表学会竞赛. 大赛宗旨[EB/OL]. (2020-08-25) [2020-10-10]. http://contest.cis.org.cn.

[16]　秦伯益. 如何写论文做报告[J]. 中国新药杂志, 2002, 11(1): 12-14.

[17]　杨开宁. 如何撰写专利申请文件. [EB/OL]. (2017-07-20) [2019-12-25]. http://www.sipo.gov.cn/wxfw/zlwxxxggfw/gyjz/gyjzkj/1053552.htm.

第4章　测控技术与仪器的应用

导读

基本内容：

本章旨在引导学生将前面三章的内容和实际应用结合起来，理论联系实际从应用的角度理解测控技术与仪器的内涵，对专业的认知将会更加清晰。内容包括：

1. 在科学发展中的支撑作用：人类认识客观世界是从自然科学开始的，自然界当中蕴含的规律通常是需要通过测量来揭示与证实的，因此在科学发展的过程当中，处处可以看到测控技术与仪器的身影，以数学、物理学、化学三大基础学科为例，通过鲜活的实例，希望学生对测控技术与仪器能够有更具象化的认识。

2. 在工程技术中的广泛应用：人类探索和改造客观世界离不开工程技术的支撑，这是一个完整的发现、分析和解决问题的过程，而在这个过程中也可以时时体会到测控技术与仪器所起到的重要作用，以能源、海洋、航空航天等工程领域为例，展示一下测控技术与仪器的身影。

3. 在日常生活中的实际应用：人类生活方式的改变也是人类文明发展的主旋律，核心就是以人为中心，把自然科学和工程技术的相关成果应用于实际，以医疗行业、环境监测、智能交通等方向为例，介绍测控技术与仪器如何改变了我们的日常生活，从而促进了人类社会的发展与进步。

学习要点：

旨在理论联系实际，使学生从应用的角度理解测控技术与仪器专业。从科学发展、工程技术以及日常生活三个方面，分别选取典型的学科、领域或者方向，来介绍测控技术与仪器的成功应用，一方面能够使学生深刻体会测控技术与仪器的重要作用，另一方面也能够使学生准确理解测控技术与仪器的内涵，两方面结合能够对测控技术与仪器专业有着更为直接具体的认识，对于全面理解测控技术与仪器的知识体系以及培养目标起到很好的支撑作用。

在介绍本章内容前需要强调的是：理解测控技术与仪器的应用，不能简单地认为只是某个仪器的应用，而是应当从一个完整的测量过程来理解。遇到了什么样的测量需求，然后设计测量方法、选择测量仪器、得出有效结论，这样一个从目标到方法、手段再到结论的过程才是测控技术与仪器的全部内容，也是本专业人才培养的目标。

4.1　在科学发展中的支撑作用

4.1.1　在数学发展中的作用

1. 数学与测量的关系

数学，顾名思义，就是研究"数"的科学。那么，数的概念是从什么时候开始的呢？纵观人类发展史，当抽象出符号化的数字后，应该讲数学就出现了，那么数学包括了什么？又能够用在哪里呢？

数的概念源于何时，由于年代久远已经很难考证了。不过可以肯定的是，史前时期的人类由于采集、狩猎等社会活动的需要，一定就开始接触和思考数的问题了。采集带回的食物有多有少，有时绰绰有余，有时不足果腹，有和无的概念，多和少的差别，就这样在知识积累和思考问题的过程中，逐渐会出现数的概念，进而发展起来计数的方法，石子计数、结绳计数以及刻痕计数等方法在不同地区得到了应用。但是无论采用哪种方法，当遇到数量较大的时候，问题都会变得比较复杂。为了解决这些问题，先人们用他们的智慧发明了表示数字的记号以及数制，人类早期文明都有自己的数字记号，也有像五进制、十进制、六十进制等不同的数制。现在国际上最常用的阿拉伯数系是由 0～9 这 10 个记号及其组合表达出来的十进制书写体系，其源头可以追溯到古印度文明，中世纪时由阿拉伯人改造后再传到西方。数字记号的出现以及数制的应用，应当可以标志着数学的开始，加减乘除的运算以及埃及分数等早期数学研究工作因而可以抽象出数学表达式，进而在实际生活中得以应用。

随着人类文明的进步，数学的另外一个重要分支——几何出现了。公元前 14 世纪，古埃及国王将土地平均分封给了国民，每个人根据得到的土地进行纳税，当分封时或者尼罗河泛滥冲毁土地的时候，都会涉及土地面积的测量问题，这就是最初的几何。几何学的英文单词 geometry 就是这样来的：geo 是指土地，metry 则是指测量。据考证，古巴比伦人的几何学也是源于实际的测量，早在公元前 1600 年，他们已经熟悉长方形、直角三角形等常见几何形状的面积计算方法。而在古代中国，几何学的起源更多与天文观测相关，中国最古老的天文学和数学著作《周髀算经》中，就讨论了很多天文测量中遇到的几何问题。

数学发展到 16 世纪，包括算术、初等代数、初等几何和三角的初等数学体系已经大体完备。进入 17 世纪之后，生产力的发展推动了科学与技术的进步，出现了变量的概念，因而进入变量数学时代，人们开始研究变化中的量与量之间的制约关系，以及图形间的相互变换等问题，解析几何、微积分、高等代数等数学分支相继出现，并不断完善，数学的内涵与外延日益丰富。18、19 世纪之交，主流观点认为数学宝藏已经挖掘殆尽，没有发展空间了。但是非欧几何与抽象代数的出现则掀起了几何学和代数学的革命，以给数学分析注入严密性为目标的"分析算术化"也推动了数学研究的纵深发展。到了 20 世纪下半叶，计算机的出现又将数学的应用推进到人类社会生活的方方面面，以计算数学为代表的应用数学发展如火如荼。现代数学已经不再是简简单单的几何、代数和分析这几门传统学科了，而是一个分支众多、结构庞杂的知识体系。数学的特点也不仅仅只有严密的逻辑性，而是新增了高度的抽象性和广泛的应用性，从而使得现代数学被划分为两大领域：纯粹数学和应用数学。

纵观数学的发展历史，数学的理论往往具有非常抽象的形式，但是其实质却是现实世界中空间形式和数量关系的深刻反映，因此可以广泛地应用于自然科学、社会科学和技术的各个领域，对于人类认识自然和改造自然起着重要的作用。

之所以要对数学的发展历史进行概要介绍，主要是希望大家能够意识到数学是什么，并进一步去思考数学的本质。在这个思考的过程中，去理解和感悟数学与其他学科的关系，而具体到本书，则是感悟数学和测量的关系。

一方面，测量是推动数学发展的原动力之一。前面已介绍，人类早期的几何学发展其实就是源于土地面积的测量需求，当几何面积的数学模型建立之后，也是需要通过测量结果进行证实的。代数学的早期发展也是这样的，英国哲学家、数学家罗素曾经说过："当人们发现一对雏鸡和两天之间有某种共同的东西（数字2）时，数学就诞生了。"这句话的前提，就是人们对一对雏鸡和两天都进行了测量与分析，才能够抽象出两者之间的共性所在。而且，加减乘除四则运算的出现也是离不开测量的支撑的，2+3=5 这样的公式的建立，需要测量并且只有测量结果才能够证实其成立。

另一方面，数学则是解决测量问题的有效手段。以高斯提出并应用最小二乘法为例，当时是为了解决天文学测量的问题。1801 年，意大利天文学家皮亚齐发现了小行星带中最大的那颗——谷神星，他在持续观测了一段时间之后生病了，病愈之后找不到谷神星的位置了，这个时候德国数学家高斯根据之前的观测结果，提出并应用最小二乘法准确地预测出谷神星的运行轨迹，指导天文学家重新发现了这颗行星，因此谷神星又被誉为铅笔尖发现的新行星，高斯的这个方法最终发表在其著作《天体运动论》中。现代科学发展到今天，对测量结果进行数学分析与建模已经是测量过程不可或缺的环节。

因此测量与数学的关系密不可分，我们通常会体会到数学对测量的有力支撑作用，通过数学揭示测量结果背后隐藏的规律，但是往往会忽略测量对数学的推动作用，那么我们就通过历史上一些具体的实例，来进一步思考与体会测量对数学的推动作用。

2. 测量是如何推动数学发展的

数学具有非常鲜明的特点，即高度的抽象化，特别是集合论的观点与公理化的方法在 20 世纪逐渐成为数学抽象的范式，导致了实变函数论、泛函分析、拓扑学和抽象代数等抽象数学分支的崛起。那么，高度抽象的数学和非常具象的测量之间会存在什么样的联系呢？确实是值得思考和探究的。

换个角度来看，抽象的规律通常源于对实际现象的观测与总结，而总结出的规律又可应用于工程实际，因此存在一个"实际→抽象→实际"的循环往复的过程。意大利物理学家伽利略曾经说过"一切推理都必须从观察与实验中得来"，对应的是从实际到抽象的过程，而恩格斯曾经说过"在马克思看来，科学是一种在历史上起推动作用的革命的力量"，其中就蕴含了科学规律反作用于客观世界后带来的革命性影响。

因此，具体到数学，我们尝试从数学常数、数学概念以及数学定理三个方面来举例说明测量对数学的推动作用。当然，这只是管中窥豹，测量对数学的推动作用仁者见仁、智者见智，欢迎大家提出自己的观点并积极参与讨论。

（1）数学常数 圆周率π被定义为圆的周长与直径的比值，是一个驰名数学领域的常数，并在几千年的发展历史中吸引了我们经久不衰的关注。德国数学史家康托曾经说过："历史上一个国家所算的圆周率的准确程度，可以作为衡量这个国家当时数学发展水平的指标"。

早在古巴比伦时期，一块石匾上（约产于公元前 1900 年—公元前 1600 年）上清楚地记载了圆周率为 25/8，即 3.125。而在约公元前 1650 年成书的《莱茵德纸草书》中，则提到"如果正方形边长是圆直径的 8/9，那么正方形面积与圆面积相等"。按照这句话的描述，计算出来的圆周率为 3.16049；也有研究人员指出，古埃及人可能更早地得到了圆周率的结果，建造于公元前 2500 年左右的胡夫金字塔，其底边周长和塔高之比等于圆周率的两倍。

普遍认为，人类早期文明中圆周率的计算方法就是源于测量所得，通过测量圆的周长和直径，然后将两者相除即可得到符合定义的圆周率值。但是人们很快发现，源于实际测量的圆周率计算值并不稳定，不同人员、不同仪器以及不同环境下的测量，计算出来的结果并不一致。我们相信，先人们其实已经意识到了测量的基本特点，并且意识到了在测量基础上进行圆周率的求取是存在问题的。因此，先人们不断尝试更为抽象的方法，推动了圆周率计算结果的持续发展。古希腊的数学家阿基米德提出了在圆内部内接正多边形的方法，通过增加多边形的边数会使得正多边形越来越接近外边的圆，然后通过计算正多边形的周长和圆直径的比值，即可得到圆周率的结果。古罗马数学家托勒密利用这个方法进行了计算，得到的圆周率值为 3.1416，已经非常接近今天公认的圆周率计算结果了。中国的数学家也在这方面做出了杰出的贡献，魏晋时期的数学家刘徽提出了"割圆术"，而南北朝时期的数学家祖冲之则将圆周率精确地计算到了小数点后第 7 位，领先了世界 1000 多年。

综上所述，人类最早的圆周率的计算是源于其定义基础上的测量，也得到了早期的计算结果，但是正是由于测量过程中发现的一系列问题，先人们才意识到对于圆周率的计算，应该有更为严谨的数学方法，从而推动了圆周率的计算从实验获取阶段，迈向了几何算法阶段、分析算法阶段，直至今天的计算机计算阶段，正是测量推动了数学的发展。

（2）数学概念　极限是分析数学中最基本的概念之一，描述了变量在一定变化过程中的终极状态。极限从最初的出现到最终形成严格的概念，历经了 2000 多年的历程，也正是在极限概念形成与完善之后，微积分学才有了发展的基础。

古希腊哲学家芝诺以善于提出悖论著称，"阿基里斯和乌龟"就是其中最著名的几个悖论之一，如图 4-1 所示。假定阿基里斯的速度为乌龟的 10 倍，乌龟在先于阿基里斯 100m 的位置上起跑，当阿基里斯追到 100m 时，乌龟已经向前爬了 10m；而当阿基里斯追到乌龟爬的这 10m 时，乌龟又向前爬了 1m，阿基里斯只能再追向那个 1m。这样循环往复，乌龟会制造出无穷个起点，而且总能在起点与自己之间制造出一个距离，不管这个距离有多小，但只要乌龟不停地奋力向前爬，阿基里斯就永远也追不上乌龟！

图 4-1　阿基里斯和乌龟赛跑的悖论示意图

中国古代也有类似问题的记载，在《庄子·天下》中就有"一尺之棰，日取其半，万世不竭"的描述。这些问题的实质就是极限的概念，而且这类问题也和测量相关。因为在实际奔跑的时候，阿基里斯肯定可以超过乌龟，而且超过的时间也可以测量出来。那么实际测量的结果为什么和数学上的分析不同呢？这是由于那个时代数学理论的发展尚在初创期，因此难以解释这样的问题。

　　到了17世纪，解析几何的创立成为数学发展的转折点。随着人们对自然界中运动和变化研究的深入，变量和函数的概念逐步引入数学当中，已经具备了微积分学形成的基础，牛顿和莱布尼兹分别独立地发展了微积分学，这其中必然要对极限的概念进行解释和应用。但是两位数学家的解释仍然不够严谨客观，受到了很多人的质疑。英国哲学家伯克莱的反对和攻击是最著名的，他在《分析学家》中嘲笑"无穷小是消失的量的幽灵"，说牛顿的无穷小一会儿是零，一会儿又不是零，简直是"睁着眼睛说瞎话"。这些攻击对分析数学的发展带来了危机性的困难，被誉为数学发展史上的第二次危机。直至法国数学家达朗贝尔给出了"极限"比较明确的定义，对于极限概念的攻击才逐渐湮灭在时代的大潮当中，但是达朗贝尔并没有把这个定义公式化。1821年，法国数学家柯西进一步完善了极限的定义，即：当一个变量逐次所取的值无限趋于一个定值时，最终使变量的值和该定值之差要多小有多小，这个定值叫作所有其他值的极限。可以看到，柯西的定义使得极限的概念完全成为算术的概念，柯西还第一次使用 lim 来表示极限，从而最终使得极限可以抽象为严格意义上的数学表达形式，为极限概念在更广泛范围内的应用奠定了坚实基础。

　　通过极限概念的发展历史可以清晰地看到，阿基里斯和乌龟赛跑的实际测量结果证明了阿基里斯是可以跑过乌龟的，但是从数学层面上来描述这个过程，却有着当时难以逾越的困难，这也就激起无数数学家投身于解决这个难题的兴趣，最终推动了极限概念的出现以及不断完善，并应用到了更为广阔的领域，测量仍然在推动数学的发展。

　　（3）数学定理　勾股定理被认为是第一个把代数和几何联系起来的定理，是人们用图形去研究数以及用数去研究图形的开始，是数形结合的真正体现。勾股定理还导致了无理数的发现，引发了数学发展史上的第一次危机，推动人们对数的概念有了更为深入的理解。

　　勾股定理是谁最早提出的，已经很难考证了。从代数的角度来看，很有可能是有人通过计算，发现了两个自然数的平方和能够用第三个自然数的平方和来代替，而在几何领域，应该是源于测量而得到的。目前能够看到的最早的关于勾股定理的描述是源于《周髀算经》，书中有这样一段话，周公问商高："夫天不可阶而升，地不可得尺寸而度，请问数安从出？"商高答曰："数之法，出于圆方……故折矩以为勾广三、股修四、径隅五……故禹之所以治天下者，此数之所生也。"这段话翻译过来的意思就是，周公问商高："我想请教一下，天没有梯子可以上去，而地也没办法用尺子去一段段丈量，那么怎样才能够得到关于天地的数据呢？"商高回答道："数的产生，源于对圆形和方形的认识，其中有条原理，当直角三角形的短边（勾）为三、长边（股）为四的时候，其斜边（径）就为五，这是大禹治水的时候就总结出来的原理，基于这些原理进行测量就能够得到天地数据。"因此勾股定理在中国也被叫作"商高定理"。但是，普遍意义上认为这段话仅仅给出的是勾股定理的特例，而这个特例是立表测影所得到的：立高为八尺之表为股，当表影（勾）为六尺时，测得从表端到影端的距离为十尺，即 $6^2+8^2=10^2$，勾三股四弦五则是本式化约的结果。

　　但是，仅仅基于测量的结果，是无法让人信服勾股定理的正确性的。勾股定理的证明得到了古今中外数学家们持之以恒的关注，据不完全统计，已经有约500种证明方法，是数学定理中证明方法最多的定理之一。

　　下面给出中国和西方最早的证明方法。中国最早的证明方法是三国初期吴国的数学家赵爽给出的，如图 4-2a 所示。而西方的证明方法，则由古希腊数学家毕达哥拉斯给出，如图 4-2b 所示，所以勾股定理在西方被叫作"毕达哥拉斯"定理。

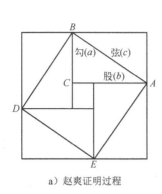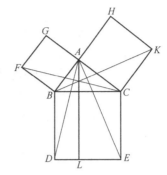

a）赵爽证明过程　　　　　　　　　b）毕达哥拉斯证明过程

图 4-2　勾股定理的典型证明过程

在赵爽的证明中，可以看到，以弦为边长做正方形，该正方形内有四个勾长 a 股长 b 的直角三角形，以及一个边长为（$b-a$）的小正方形，根据四个直角三角形加上小正方形的面积和弦 c 为边长的正方形面积相等的原理，即可得到 $a^2+b^2=c^2$ 的结果，这个证明过程之巧妙，以至于 2002 年在北京召开国际数学家大会的时候，该图形被设计成了大会会标。毕达哥拉斯的证明过程也很巧妙，其证明思路是：首先在直角三角形的三条边上分别做正方形，然后过 A 做 AL 平行于 BD，将大正方形 $BCED$ 分成两个小矩形，根据三角形的面积为同底等高平行四边形面积的一半以及全等三角形的关系，可以得到 $ABFG$ 正方形和 $ACKH$ 正方形的面积分别等于 $BCED$ 大正方形中的两个矩形面积，从而得到 $a^2+b^2=c^2$ 的结果。

我们佩服先人的智慧，能够用非常巧妙的方法给出勾股定理的证明，也正是有了定理的证明，其证明过程中的核心思想逐步形成了几何问题求解方法，该方法在数学发展过程中一直发挥着巨大的作用。这个源头就是勾股定理，而勾股定理又很大可能是源于测量，因此，测量实实在在地在推动数学的发展。

3．现代数学的发展还需要测量吗

通过数学常数、数学概念及数学定理中的典型事例，能够清晰地看到一条主线，人类早期对客观世界的探索源于简单朴素的测量，发现了一些现象和特性，迫切需要从数学的角度去理解和解释它们，从而抽象为科学意义上的自然规律。在这个过程中，无数先驱用他们叹为观止的想象力和匪夷所思的创造力来破解一个个难题，绵延不绝地推动了数学的发展，为人类科学技术的进步打下了坚实的基础。因此，测量发现问题，数学破解问题，测量推动数学发展，这条主线不可能是数学发展史的全部，但一定是数学发展史的重要组成部分，这点是毋庸置疑的。

前面已经提到，进入 20 世纪以来，数学的发展日益抽象化，现代数学逐渐形成了两大范围，即纯粹数学和应用数学。纯粹数学源于两大因素的推动，即集合论的渗透和公理化方法的应用。以集合论为例，在其发展历程中，英国哲学家、数学家罗素提出了著名的罗素悖论，其实质就是排除悖论，这个悖论的提出引发了数学发展史上的第三次危机，在这次危机解决的过程中，数学基础问题第一次以最迫切需要的姿态摆到数学家面前，激发了数学家对数学基础研究的热情，深刻影响了数学基础理论的研究与发展。纯粹数学是以高度抽象化为特点的，研究过程中可以脱离测量，而仅以严密的逻辑推理来进行，但是纯粹数学中蕴含的是客观存在的自然规律，必将在客观世界中找到应用的影子，因此纯粹数学的验证与应用只能在客观世界中被实施和认可，数学和测量之间仍然有着千丝万缕的联系。而应用数学从名字即可看出，是结合客观世界的需求诞生与发展的，因此处处可见测量的身影。下面就举例说明现代数学发展和测量之间无处不在的紧密联系。

（1）微积分概念的发展及应用　在微积分创立之后，常微分方程理论应运而生，解决了当时科学技术发展中存在的一些问题，海王星就是在对微分方程进行分析的基础上发现的。1807 年，法国数学家和物理学家傅里叶在研究热传导现象的时候，提出了偏微分方程的思想，但是受到了同为法国数学家的拉格朗日的阻挠，直至 1822 年才在其名著《热的解析理论》中发表，从此掀开了偏微分方程发展的序幕。19 世纪，偏微分方程成为物理学家手中的利器，麦克斯韦方程组则是其中最为壮观的成果。20 世纪初，德国数学家闵可夫斯基基于偏微分方程，提出了空间和时间的四维时空结构，为爱因斯坦的狭义相对论提供了最为适用的数学模型。而 19 世纪中期德国数学家格拉斯曼发展了以黎曼几何为基础的绝对微分学，这个被爱因斯坦称为张量分析的数学工具则为广义相对论模型的提出和建立奠定了基础。

我们可以看到，数学发展史上的第二次危机诞生了微积分，在不断发展过程中形成了常微分方程、张量分析等有力的数学工具，这些数学工具和物理中的观测和试验紧密结合，揭示了自然界当中蕴藏已久的自然规律，数学和物理学的紧密结合形成了数学物理这一全新的交叉领域，并不断在新的科学探索中发挥着重要作用。

（2）统计学的发展及应用　统计学是数学最有力也是应用最广泛的分支之一，其源头可以追溯到人类史前时代的概率游戏。但是直到 17 世纪，法国数学家费马和帕斯卡才提出了概率论的几条原则，在两人之间的一封著名信件中，解决了一个著名的博彩问题，也就是抛硬币的时候猜人头和猜数字的概率问题。之后，英国商人约翰·格朗特统计了伦敦人的寿命分布表，为保险精算学奠定了基础。接下来，英国数学家和天文学家哈雷在 1693 年完成了论文《根据布雷斯劳城出生和葬礼的统计对人寿命的估计以及对确定养老年金的尝试》，论文中讲述的是概率统计和日常生活直接结合的典型事例。可以认为，是对日常生活细致的观察开启了概率论和统计学的发展之旅。

英国数学家贝叶斯首先将归纳推理用于概率论，并创立了贝叶斯统计理论，对于统计决策函数、统计推断、统计的估算等做出了杰出贡献。1763 年，在贝叶斯去世两年后，英国数学家理查德·普莱斯将贝叶斯的著作《机会问题的解法》（*An essay towards solving a problem in the doctrine of chances*）寄给了英国皇家学会，这本书对现代概率论和数理统计产生了重要影响。19 世纪和 20 世纪之交，英国数学家高尔顿与威尔逊一起为现代统计学奠基，提出了诸如相关性和回归分析等概念。而这些概念对于测量结果的分析与处理提供了强有力的支持，成为测量理论的重要组成部分。可以看到，源于日常生活的观察诞生了概率论和统计学，而不断完善的概率论和统计学又为测量结果的分析处理奠定了坚实的基础。

讲到这里，相信大家对数学与测量之间的关系有了新的了解。其实在很多时候我们已经很难区分是测量促进了数学的发展，还是数学助力了测量的完善，这是因为在长期的发展过程中，数学和测量的关系已经水乳交融，测量时会潜移默化地应用数学工具，而数学本就是用来揭示自然界的规律，这个规律常常是由于测量结果带来的启示。因此，抽象的数学和具象的测量是相互依托、共同发展的关系，这是亘古不变的。

4.1.2　在物理学发展中的作用

1. 物理学概述

物理学是研究物质运动最一般规律和物质基本结构的学科。物理学研究大至宇宙，小至基本粒子等一切物质最基本的运动形式和变化规律，因此成为其他各自然科学学科的研究基础。

物理学的英文是"physics"，最先出于古希腊文"φύσις"，原意是自然。"物理学"的名称来自亚里士多德的《物理学》一书。在古代西方，物理学即自然哲学，牛顿的经典物理学奠基之作就叫作《自然哲学之数学原理》。在文艺复兴以及 17 世纪科学革命之后，物理学才逐渐成为一门独立的自然科学。中文中物理一词最早出现于 1643 年，明末清初科学家方以智出版了百科全书式的著作《物理小识》。但是在很长一段时间，我国翻译西方物理学著作时并没有采用"物理学"的译法，而是称之为"格物学"或者"格致学"，这是源于《礼记·大学》中的一句话："致知在格物，物格而后知至。"简而言之就是"格物致知"，即通过探究事物原理而从中获得智慧，这确实是物理学研究的目标所在。而用"物理学"指称这门科学，则始于 1900 年日本物理学家饭盛挺造编著的《物理学》。1902 年陈幌编写的《物理易解》一书，很有可能是第一本国人自编的中学物理教科书，从那之后"物理学"一词才被广泛认可。而纵观物理学的发展历史，它展现出了以下几个特点：

1）物理学是一门实验科学。物理学的发展根基是实验，一切理论都要以实验作为唯一的检验者。

2）物理学是一门严密的理论科学，以物理概念为基石，以物理规律为主干，建立了经典物理学与现代物理学及其各分支的严密的逻辑体系。

3）物理学是一门定量的精密科学，它与数学密切结合。

4）物理学是一门基础科学，是其他自然科学和工程技术、国民经济，特别是现代新技术革命的基础。

5）物理学是一门带有方法论性质的科学。

概括起来就是，物理学的发展是源于测量，基于精确的定量测量，并且利用有力的数学工具，可以实现理论模型的抽象和建立，而这个过程当中又是带有方法论的，旨在客观准确地揭示自然界的基本规律。因此，在物理学的发展历史中，俯拾皆是测量与试验。下面就从中选取一些典型事例，帮助读者来体会和感悟测量发挥出的重要作用。

2. 测量与经典物理学发展

（1）测量与经典力学发展　力学的发展具有悠久的历史，人类早期文明中的力学知识是从对自然现象的观察和生产劳动中获得的。例如西安半坡村遗址出土的汲水壶，采取尖底形式，壶空时在水面上会倾倒，壶满时又能自动恢复竖直位置，就是最朴素的力学知识的应用。

静力学是最早发展起来的力学体系，经历了从定性到定量的发展阶段，这其中就离不开仔细的观察与认真的测量。古希腊物理学家阿基米德被认为是力学的真正创始人，在其《论平板的平衡》中，提出了作用在支点两边等距的等重物处于平衡状态的公理，进而建立起杠杆定理，即在杠杆上的不同重物仅当与悬挂它们支点相距的臂成反比时，才处于平衡状态。而杠杆定理真正被大众所熟知，则源于阿基米德的一句名言（见图 4-3a）："给我一个支点，我就能撬起地球。"；而在其另一部名著《论浮体》中，阿基米德讨论了流体静力学，建立起浮力定律，即浸没在水中物体受到的浮力等于其所排开的水的重力，如图 4-3b 所示。对于阿基米德如何得到杠杆定理和浮力定律，已经很难找到确切答案了，但是普遍认为阿基米德是基于实验开展研究，进而得到定量的物理定律的。在阿基米德的研究成果中，可以清晰地看到观察与测量推动静力学发展的影子。需要说明的是，其实在早于阿基米德 200 余年的我国春秋战国时期，墨翟及其弟子所著的《墨经》中，就有了对力、杠杆、重心、浮力、强度和刚度等概念的描述，对于杠杆定理也给出了精辟的表述，认为称重物时秤杆之所以会平衡，原因就是"本"（重臂）短"标"（力臂）长，这个描述已经揭示出了杠杆平衡的实质，我们也有充分的理由相信其结论也是基于长期的观测所得。

a）杠杆定理　　　　　　　　　　　　　　　　b）阿基米德浮力定律

图 4-3　阿基米德的力学贡献

动力学的创建则是源于意大利物理学家伽利略的贡献，他于 1638 年在荷兰出版了《关于力学和位置运动的两门新科学的对话》一书，被公认为是其最重要的著作之一，也是奠定了动力学基础的开山之作。伽利略对亚里士多德的力学理论进行了深入研究，通过大量的实验批判了其中的错误部分。大家耳熟能详的比萨斜塔实验（见图 4-4a），就是对亚里士多德"物体下落的速度和重量成正比"理论的有力驳斥。伽利略首先从逻辑上进行分析，按照亚里士多德的理论，一块大石头会以快一点的速度下降，一块小石头会以慢一点的速度下降，那么把这两块石头捆在一起，将以何种速度下降呢？一方面，捆上速度慢的石头，应该会降低两块石头的速度，但另一方面，两块石头的重量显然大于任何一块，那么速度应该增加才对。因此亚里士多德的理论不合逻辑。伽利略进而假定，物体的下降速度与其重量无关。如果两个物体受到的空气阻力相同，或将空气阻力略去不计，那么两个重量不同的物体将以同样的速度下落，同时到达地面。最后，为了验证这个推论的正确性，伽利略站在比萨斜塔的塔顶上扔下了两块重量不同的铁球，两个铁球同时落地的结果有力地支持了伽利略的理论。此外伽利略开展了著名的斜面实验（见图 4-4b），他把一个 6m 多长、3m 多宽的光滑直木板槽倾斜固定，然后让铜球从木槽顶端沿斜面滑下，通过测量铜球每次下滑的时间和距离，来研究两者之间的关系。按照亚里士多德的理论，铜球的速度应该不变。但是伽利略却证明铜球滚动的路程和时间的平方成比例，进而提出了加速度的概念，成为力学发展历史上的一个里程碑。

伽利略倡导数学与实验相结合的研究方法，这种方法被普遍认为是他在科学上取得伟大成就的源泉，而伽利略也因此被誉为近代实验科学的奠基人之一。伽利略倡导的科学研究方法使得力学理论步入了快速发展的轨道，以牛顿 1687 年出版的《自然哲学之数学原理》为标志，经典力学发展到了顶峰。牛顿在伽利略等人研究工作的基础上总结出了运动三定律，创立了经典力学体系。此外，在丹麦天文学家第谷、德国天文学家开普勒等先辈们长期天文观测及研究成果的基础上，牛顿发现了万有引力定律。对于万有引力定律的发现，牛顿被苹果砸到头进而引发思考这个故事广为传颂，如图 4-5a 所示，但是事实并非如此。事实上，1666年牛顿为了躲避剑桥郡的瘟疫，回到了林肯郡的家中，开始思考能否把地面上的重力推广到月球的轨道上，认为如果重力能够达到月球的话，那或许就是维持月球轨道的原因所在。牛顿的工作是在开普勒第三定律的基础上开展的，虽然开普勒第三定律被广泛质疑，但是牛顿不为所动，用其天才的想象力揭示了天体间的运动规律，进而把地面上的物体运动规律和天体运动规律统一了起来，在人类认识自然的历史进程中具有划时代意义。而牛顿的英国同乡卡文迪许于 1789 年利用扭秤实验，成功地测量出了万有引力常数，如图 4-5b 所示，则更有力地验证了万有引力定律的正确性。

a）比萨斜塔实验

b）斜面实验

图 4-4　伽利略的力学贡献

a）牛顿发现万有引力定律

b）卡文迪许测量万有引力常数

图 4-5　万有引力定律的发现及万有引力常数的测量

（2）测量与光学发展　光学既是物理学中最古老的一个基础学科，又是当前科学研究中最活跃的前沿阵地，具有强大的生命力和不可估量的前途。光学的发展历史大致分为萌芽阶段、几何光学、波动光学、量子光学、现代光学五个时期。下面重点介绍前三个时期中观察与测量的重要作用。

萌芽阶段主要是对简单的光现象进行记载并进行不系统的研究，制造出了凸透镜、凹面镜、凸面镜等简单的光学仪器，其持续时间从我国春秋战国时期的墨翟开始，一直到 16 世纪初。在墨翟及其弟子所著的《墨经》中，给出了八条连续的关于光学的命题，其中前五条介绍了影子的形成及其规律，包括光的直线传播、小孔成像等，后三条则给出了反射镜（平面、凹面、凸面）成像规律，如图 4-6 所示。这八条描述实质上奠定了几何光学中反射光学的理论基础，是目前已知最早的对于光学知识的描述。古代西方文明中关于光学知识的记载可追溯到欧几里得的《反射光学》，书中提到了光的直线传播问题，并对光的平面镜和凹面镜成像问题进行了描述。之后托勒密研究了折射现象，他研究了光由空气进入水中的入射角和折射角，认为两者之间成比例，虽然结论并不正确，但是其探索精神还是值得肯定的。公元 10 世纪时的阿拉伯人阿尔哈曾，推翻了欧几里得提出的人的眼睛会发出光的说法，认为眼睛能够看到物体是光线进入眼睛的缘故。此外，他还精确地描述了反射定律，发明了凸透镜，并对凸透镜进行了实验研究，得到的结论与现代凸透镜理论非常接近。阿尔哈曾的光学研究成果均被收入其所著的《光学》中，其科学研究方法也深刻影响了开普勒、牛顿等后世物理学家，他也因此被誉为"光学之父"。

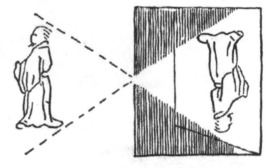

图 4-6   墨翟的小孔成像

几何光学从时间上看涵盖了 17、18 世纪，被誉为光学发展史上的转折点，这个阶段发明的一系列光学仪器提高了人的观察能力，最典型的就是望远镜和显微镜，如图 4-7 所示，两者的出现使得人们具备了观测无限远和无限小对象的可能。望远镜和显微镜的发明权充满争议，英国、意大利、荷兰和德国这四个国家都在努力争取，目前普遍认可的观点是，望远镜由荷兰人李普塞于 1608 年发明。李普塞用水晶制造了透镜，并于 1608 年 10 月 2 日申请过专利，审核人要求李普塞做一个能用双眼来观察的仪器，他在同年完成了这台仪器的制造。之

a）伽利略及其制作的望远镜   b）列文虎克和他的显微镜

图 4-7   几何光学发展阶段中的标志性成果

后伽利略和开普勒将望远镜成功地应用到天文观测中，开辟了天文学的新时代，近代天文学的大门被打开了。显微镜与望远镜的发明几乎同时代，荷兰人亚斯·詹森和汉斯·利珀希分别独立地发明了显微镜，但是真正让显微镜名声大振的是荷兰人列文虎克，他磨制的透镜远远超过同时代的其他人，放大率可以达到 270 倍，在这样的仪器支撑下，列文虎克首次发现微生物，并最早记录肌纤维、毛细血管中的血流，因此被誉为微生物学的开拓者。

几个光学阶段还建立起了光的反射和折射定律。开普勒在 1611 年发表的《折光学》一书中研究了折射现象，断定托勒密的折射定律是错误的。荷兰物理学家斯涅耳于 1621 年通过大量的实验总结出了折射定律，即在相同的介质里入射角和折射角的余割之比总是保持相同的值，但是斯涅耳生前并没有将这个成果发表出来，这个成果是在其去世后同胞惠更斯等人在整理他的遗稿时发现的。法国物理学家笛卡儿则是完全基于理论推导得到了折射定律，在 1637 年出版的《屈光学》一书中，笛卡儿用正弦之比代替了余割之比，给出了现代形式的折射定律。法国数学家费马在 1657 年，利用其提出的最短时间作用原理，从数学家的角度推导出了反射定律和折射定律。反射定律和折射定律的精确建立，使得几何光学的精确计算成为可能，也加快了人们探索光学本质研究的步伐。

光的本质是波动的还是微粒的，是几何光学发展阶段的一个热点。牛顿在 1704 年出版的《光学》中，系统地阐述了他在光学方面的研究成果，其中就详细介绍了光的粒子理论，而这个理论的建立则要源于其早在 1666 年就完成的棱镜分光实验，如图 4-8a 所示。当时牛顿把三棱镜放在太阳光下，透过三棱镜，太阳光在墙上被分解成了不同的颜色。棱镜分光实验强有力地证明了白光是由不同颜色的光组成的，不同颜色的光由于折射率不同才导致了分光现象，是光的粒子说的完美体现。但牛顿也曾做过另一个实验，把一个凸透镜的凸面压在一个十分光洁的平面玻璃上，在白光照射下可以看到，中心的接触点是一个暗点，而周围则是明暗相间的同心圆圈，如图 4-8b 所示，这个被称为"牛顿环"的实验就难以用粒子说进行解释。此外，对于光速的有无及其测量方法的问题也是从这个阶段开始被关注的。

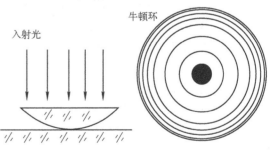

a）棱镜分光实验　　　　　　　　　　　　　　　　b）"牛顿环"实验

图 4-8　牛顿的光学贡献

光的衍射最早是由意大利物理学家格里马尔迪于 1655 年发现并加以描述的，他也是"衍射"一词的创始人。之后，英国物理学家罗伯特·胡克也发现了衍射现象，并和另一位英国物理学家罗伯特·波义耳分别独立地研究了干涉现象，这些实验对微粒说提出了严峻挑战。荷兰物理学家惠更斯在 1690 年出版的《光论》一书中，提出了惠更斯原理，这是目前能够看到的最早的解释光的波动理论的尝试。但牛顿却并不认可惠更斯的观点，他认为波动说无法解释光的直线传播，由于牛顿的巨大权威，波动说在此后长达一个多世纪的时间里被人们遗忘了。直至 1807 年，托马斯·杨出版了《自然哲学讲义》，书中第一次描述了双缝干涉实验，如图 4-9a 所示，光的波动学说才再次被提起。之后菲涅耳用杨氏干涉原理补充了惠更斯原理，提出了惠更斯-菲涅耳原理，完美地解释了光的干涉、衍射及直线传播现象，波动光学的发展进入了黄金时期，研究成果呈现出井喷的状态，如：法国物理学家马吕斯发现了光的双折射现象；德国物理学家夫琅和费发明了分光仪并发现了太阳光谱中的夫琅和费线；英国物理学家麦克斯韦提出并经德国物理学家赫兹验证的光是一种电磁波；法国物理学家菲索和傅科实现了实验室内的光速测量；等等。直至 19 世纪末"黑体辐射与紫外灾难"的出现，如图 4-9b 所示，光学理论无法解释黑体辐射能量与波长分布之间的关系。德国物理学家普朗克提出光子的概念，并且认为物体在发射辐射和吸收辐射时，能量不是连续变化的，掀开了量子光学发展的序幕。

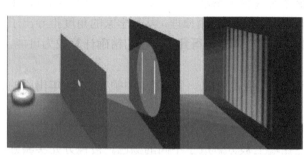

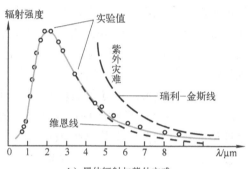

a）托马斯·杨的双缝干涉实验　　　　　　b）黑体辐射与紫外灾难

图 4-9　波动光学发展阶段的里程碑实验

纵观经典物理学阶段的光学发展史，先贤们从身边的自然现象入手，一方面充分发挥自己的想象力，敢于提出富有创意的想法，一方面则仔细观察，尝试通过精巧的实验来探究光的特征，有弯路也犯过错误，但不可否认的是，站在巨人肩膀上的一代又一代科学家，秉承着对真理不懈追求的精神，利用不断涌现出的光学仪器巧妙地开展了科学研究工作，取得了一个个丰硕成果，光学研究始终活力四射，到今天仍然是生机盎然。

3．测量与现代物理学发展

1874 年在慕尼黑大学，当普朗克决定学习物理时，他的物理学教授劝阻他说："这门科学中的一切都已经被研究了，只有一些不重要的空白需要被填补。"但是普朗克回复道："我并不期望发现新大陆，只希望理解已经存在的物理学基础，或许能将其加深。"这份坚持成就了普朗克量子论发明人进而名垂青史的物理学家地位。或许热力学的开创者之一英国物理学家开尔文勋爵的话更具代表性，他于 1900 年 4 月 27 日在英国皇家学会发表了题为"在热和光动力理论上空的 19 世纪的乌云"的演讲。在演讲中他认为动力学理论可以解释一切物理问题，但是其优美性和明晰性被两朵乌云遮蔽得黯然失色。第一朵乌云是随着光的波动论而开始出现的，地球如何能够通过本质上是光以太这样的弹性固体运动呢？第二朵乌云是麦克斯韦-玻耳兹曼关于能量均分的学说。也正是这两朵乌云所引起的讨论和研究，发展出了 20 世纪物理学两个最重要的范畴：相对论和量子论。物理学发展步入现代物理学阶段。

（1）拉开现代物理学序幕的三大发现　1895 年伦琴发现 X 射线、1896 年贝克勒尔发现放射性以及 1897 年汤姆逊发现电子，如图 4-10 所示，连续三年的三大发现猛烈地冲击着经典物理学理论，打破了物理学界沉闷的空气，被誉为现代物理学发轫的标志。

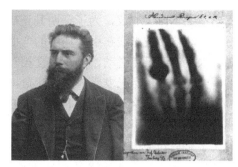

a）伦琴实验室及世界上第一张 X 射线照片

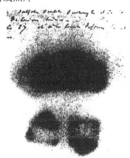

b）贝克勒尔实验室及第一张证明放射性的照片

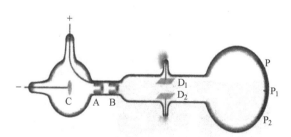

c）汤姆逊发现电子及阴极射线管示意图

图 4-10　物理学三大发现

　　从发展的角度看，三大发现颠覆了道尔顿关于原子不可分割的概念，从而打开了原子和原子核内部结构的大门，为人们探索微观世界更深层次的奥秘提供了新的方向。20 世纪物理学革命的帷幕缓缓拉开，相对论和量子论跃然纸上。

　　（2）相对论的发展和完善　经典物理学家认为光的传播介质是以太，而为了证明以太的存在，美国物理学家迈克耳孙和莫雷开展了著名的迈克耳孙-莫雷实验，如第 1 章中的图 1-9 所示，但是实验给出的是否定的结果，因此以太不存在，从而彻底动摇了经典物理学和经典时空观的基础。

　　英国物理学家斐兹杰惹和荷兰物理学家洛伦兹都在尝试解释迈克耳孙-莫雷实验，他们假定运动着的物体在其运动方向上收缩，速度增加时收缩也增加，这个假定能够解释实验，但是爱因斯坦无疑比他们走得更远。1905 年，他发表了《论动体的电动力学》论文，基于相对性原理和光速不变原理，提出了"狭义相对论"，但是这个理论仅适用于匀速运动，1915 年他把这个理论推广为一切运动的相对性理论，就是今天广为人知的"广义相对论"。广义相对论的提出遭受了巨大非议，为了证明其正确性，爱因斯坦提出了三个验证性实验，一是水星的近日点进动，二是光线在引力场中的弯曲，三是光谱线的引力红移。

对于水星的近日点进动，只有广义相对论给出了与实际测试值相符合的结果。1919年5月，剑桥大学天文台台长艾丁顿爵士远赴非洲普林西比岛观测日食，验证了光线受引力影响而偏折的结果，如图4-11a所示，逆转了广义相对论的命运。所谓光谱线的引力红移，是指光波或者其他波动从引力场源（如巨大星体或黑洞）远离时，整体频谱会往红色端方向偏移。美国天文学家哈勃早在20世纪20年代即发现大多数星系都存在红移现象，但是在实验室内观测到红移，还要推迟到1958年穆斯堡尔效应被发现之后，穆斯堡尔效应的发现使得频移的精确测量成为可能，1959年美国物理学家庞德和雷布卡随即在哈佛大学提出并完成了红移实验，如图4-11b所示，广义相对论再次被证实是正确的。

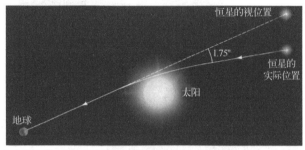

a）光线在引力场中的弯曲

b）光谱线的引力红移

图4-11　验证广义相对论的实验

（3）量子基准的建立与意义　物理学发展对测量最直接的贡献，就是计量体系的建立。前面讲到，测量就是和标准进行比较的过程，这里面的标准其核心就是计量体系，包括单位制及基准等。人类科技文明发展史上，单位制和高质量的基准建立始终是永恒的追求。计量体系发展至今，通常被分为三个阶段：古典计量（也叫度量衡）、经典计量和现代计量。

古典计量通常是以自然物作为单位和基准的，其准确性局限于自然物，难以提高，且各国各地的计量制度不同，在交流上造成了很大的不便和困难。因此，17世纪的法国科学家提出了改革和统一计量制度的方案，并着手制定相应的基准。1875 年 5 月 20 日，17 个国家在巴黎签署《米制公约》，标志着经典计量阶段的开始。这次大会选出了作为统一国际长度和质量单位量值的米尺和砝码，称为"国际原器"，由国际计量局保存。大会还批准将其余的米尺和砝码发给《米制公约》签字国，作为各国的最高计量基准。各国的基准器具定期与国际计量局的国际原器比对，以保证其量值一致。随着时间的推移，由于物理的、化学的以及磨损等原因，实物基准难免发生微小变化。此外由于原理和技术方面的原因，实物基准的准确度也难以大幅度提高，由此开启了现代计量阶段。

1960 年国际计量大会通过并建立国际单位制，对 7 个基本单位给出了定义。随着现代物理学中量子论的快速发展，基本单位的定义从经典理论转换为量子理论，宏观实物基准逐步转换为微观量子基准，因而更加精确、稳定和可靠。在 2018 年 11 月举行的第 26 届国际计量大会上，千克、开尔文、摩尔和安培等基本单位被重新定义，如图 4-12 所示，国际单位制的 7 个基本单位全部追溯到物理常数，实现了国际单位制的量子化。

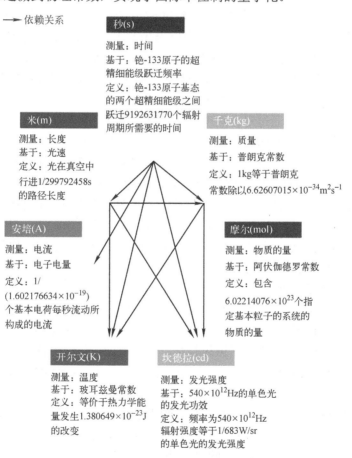

图 4-12　国际单位制基本单位的量子基准定义

人类目前正处于量子科学革命的开端，用自然常数定义计量单位，是科学发展的必然结果，也是我们适应下一代科学发展的需要。有了量子基准，我们在深化科学认知、推动技术进步、解决重大挑战方面也就具备了更为坚实的基础，量子科学革命必将为我们揭开神秘客观世界的全新面纱。

4.1.3　在化学发展中的作用

1. 化学概述

化学是研究物质（单质及化合物）的组成、结构、性质及其变化规律的科学，起源于人类的生产劳动和科学实践。

化学的英文是"chemistry"，其来源有多种说法，普遍认可的说法是由炼金术"alchemy"一词衍生出来的。英语中"alchemy"源于古法语的"alkemie"和阿拉伯语的"al-kimia"，意为"形态变化的学问"。而在中国，曾经认为"化学"一词是徐寿翻译英国人的书《化学鉴原》（*Well's Principles of Chemistry*）时（1871 年）发明的，但实际上"化学"一词最早出现在 1856 年英国传教士韦廉臣出版的书《格物探源》上。

化学的发展历史非常悠久，人类学会使用火时就开始了最早的化学实践活动。人类学会在熊熊烈火中由黏土烧制出陶器、由矿石烧出金属，学会从谷物酿造出酒、给丝麻等织物染上颜色，这些都是在实践经验的直接启发下经过长期摸索而来的最早的化学工艺。此外，古人也在思考物质的组成，古代中国的五行学说（金木水火土）以及古代希腊的四元素学说（水火土气），都在尝试着解释物质的组成方式。而这其中古希腊哲学家留基伯首先提出，并经其弟子德谟克利特进一步完善的原子学说无疑是一道靓丽的风景，两位哲学家认为万物的本质是原子和虚空，原子是一种最后的、不可分割的物质微粒，虽然这不可能是通过实验得出的科学结论，但是两位哲学家通过对自然现象的观察与思考，从哲学的角度提出的原子论，对后世物质观的形成是具有重要的启示作用的，这一点毋庸置疑。

化学发展历史如何分期存在争议，但是 17 世纪中叶之前以及 19 世纪末到现在这两个阶段是没有争议的，前者被称为化学的萌芽期，后者被称为现代化学时期。争议的焦点是 17 世纪后半期到 19 世纪末这个时期：一种分法是把这段时期分为两段，17 世纪后半期到 18 世纪末被称为化学的形成期，19 世纪初到 19 世纪末被称为近代化学时期；另一种分法就是这个阶段不再细分了，统称为近代化学时期。本书采用后者的说法，按照这样的分期方法对测量与近代化学、现代化学的关系进行梳理。

2. 测量与近代化学发展

（1）化学学科的奠基人波义耳　化学史家都会把 1661 年作为近代化学的开端，是因为英国化学家波义耳的《怀疑的化学家》问世了。波义耳主张试验和观察是一切的基础，并在笛卡儿创建的机械论哲学基础上提出了微粒哲学，尝试用微粒哲学去解释化学试验中的现象及性质，是第一个把化学当作自然科学的一个分支来处理的人，因此被恩格斯赞誉为"波义耳把化学确立为科学"。

在波义耳所处的时代，空气是否存在弹性吸引了科学家浓厚的兴趣。法国的科学家制造出一个黄铜气缸，中间有一个安装得很紧的活塞，人们用力按下活塞以压缩缸里的空气，然后再松开活塞，但是活塞并没有完全弹回来。因此，法国科学家认定空气会保持轻微的压缩状态，但是不具备弹性。波义耳则认为实验中的活塞太紧，因此得出的结论是错误的。为此他对实验进行了改进，设计了一个不匀称的 U 形管，U 形管的一端又短又粗且端顶密封，另一端则又细又长。波义耳首先把一小段水银注入管中，堵住一段空气，这个时候的水银实际上就是一个活塞；然后他不断增加水银的注入量，发现当向堵住的空气施加 2 倍压力时，空气的体积就会减半，施加 3 倍压力时，体积就会变成原来的 1/3。由此得出空气是具有弹性的，气体的体积和气体的压强成反比，从而诞生了人类历史上第一个被发现的定律。随后法国化学家马略特也独立地发现了这个定律，他的表述更为准确，认为温度不变是定律适用的前提条件。因此，这个定律最后被命名为波义耳-马略特定律，如图 4-13 所示。

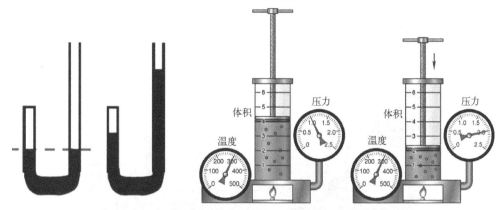

图 4-13　波义耳–马略特定律

　　波义耳还发明了能够检测溶液酸碱性的石蕊试纸，如图 4-14 所示。据说在他的女友去世后，他一直把女友最爱的紫罗兰花带在身边。在一次紧张的试验中，放在实验室内的紫罗兰被溅上了浓盐酸，爱花心切的波义耳急忙把冒烟的紫罗兰用水冲洗了一下，随后他发现深紫色的紫罗兰变成了红色的，这个现象让波义耳很兴奋，他认为紫罗兰变色的原因应该是盐酸作用的效果，为此他开展了许多花木与酸碱相互作用的试验，其中从石蕊地衣中提取的紫色浸液效果最明显，它遇酸变成红色，遇碱变成蓝色。据此，波义耳用石蕊浸液把纸浸透，然后烤干，发明了最早的酸碱试纸——石蕊试纸。波义耳之所以取得这么大的成就，正如他所说的："人之所以能效力于世界，莫过于勤在实验上下功夫。"

图 4-14　石蕊试纸的发明过程

（2）定量化学的创始人拉瓦锡　波义耳奠定了化学作为一门独立学科的地位，并通过大量试验推进了化学的发展，但是多为定性试验，法国化学家拉瓦锡是将化学从定性推向定量的第一人，他也因此被誉为"近代化学之父"，其化学成就主要发表在 1789 年出版的《化学基础论》一书中。

图 4-15 给出了拉瓦锡实验室的复原图，居于图正中的是两架天平，人们普遍认为拉瓦锡正是利用天平这个古老的仪器发现了氧气、推翻了燃素学说、发现了质量守恒定律、确定了化学方程式的书写原则等，这也是拉瓦锡被誉为定量化学第一人的原因所在。

图 4-15　法国国立工艺博物馆的拉瓦锡实验室复原图

拉瓦锡发现氧气的"20 天实验"是化学史上的著名实验，实验中曲颈甑与玻璃钟罩中的空气相连。拉瓦锡通过炉子加热曲颈甑中的水银，在前 12 天的时间内，水银表面的红色渣滓不断增加，而玻璃钟罩内的气体则在不断减少，从第 12 天到第 20 天，红色渣滓的质量不再增加，钟罩内的气体体积也减少了大约 1/5，于是在第 20 天的时候拉瓦锡停止了实验。随后拉瓦锡将加热得到的红色渣滓进行高温加热，分解出来的气体体积含量和玻璃钟罩减少的气体体积含量相等，这个实验结果是对质量守恒定律的强力支持。拉瓦锡将占空气总体积 1/5 的气体称为氧气，而剩余的 4/5 部分的气体称为氮气。其实早在 100 年前，波义耳就曾经做过类似的实验，两者的对比如图 4-16 所示，只不过波义耳的实验装置并没有密封气体，所以波义耳与氧气的发现擦肩而过了。在发现氧气之后，拉瓦锡进一步研究了燃烧现象，提出只有在氧气存在时才会燃烧，这个科学的燃烧学说完全颠覆了当时流行的燃素学说。质量守恒定律的发现和燃烧学说的提出是促进 18、19 世纪化学蓬勃发展的重要原因。

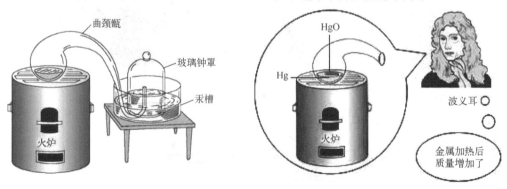

图 4-16　拉瓦锡发现氧气的实验装置及与波义耳的实验对比

（3）原子-分子学说的形成与发展　拉瓦锡掀起的化学革命促进了化学理论新秩序的建立，1791 年德国化学家里希特发现了酸碱反应中的当量关系，1799 年法国化学家普罗斯特提出了定比定律，1803 年英国化学家道尔顿在实验归纳的基础上提出了倍比定律。这一系列定量定律的发现促使大家开始从更深层次的角度去思考，应该建立起新的化学理论去分析和解释。

道尔顿对古希腊原子论和牛顿原子论进行了深入研究，敏锐地捕捉到了其中的合理成分，并结合自身长期的实验积累，引入了原子和原子量的概念，对原子量进行了测定，提出了较为系统的原子学说。道尔顿的原子学说主要包含三个重要的观点：①原子是不能再分的粒子；原子在所有化学变化中均保持自己的独特性质，原子既不能被创造，也不能被消灭。②同种元素的原子的各种性质和质量都相同，不同元素的原子，其形状、质量不同，各种性质也不相同；原子的质量是元素的基本特征。③化合物是由组成元素的原子聚集而成的"复杂原子"；在构成一种化合物时，其成分元素的原子数目保持一定，而且保持着最简单的整数。在 1808 年出版的《化学哲学新体系》中，道尔顿全面地阐述了原子学说，原子学说揭示了化学反应中现象和本质的关系，对于化学成为一门真正的学科具有重要的支撑作用。

法国化学家盖吕萨克在研究氢气和氧气的化合时发现，100 个体积的氧气总是和 200 个体积的氢气相化合；在进一步研究氨与氯化氢、一氧化碳与氧气、氮气与氢气的化合时，发现都具有简单整数比的关系。由此，他在 1808 年发表了以其名字命名的盖吕萨克气体反应体积比定律，进而推断出不同气体在同样体积中所含的原子数彼此应有简单的整数比。意大利化学家阿伏伽德罗在盖吕萨克的研究工作基础上，提出了分子假说，即相同体积的气体在相同的温度和压力时，含有相同数目的分子。由于和当时的主流学说相矛盾，阿伏伽德罗假说在很长一段时间内不被接受，直到 1860 年，意大利化学家康尼查罗发表了《化学哲学教程概要》，阿伏伽德罗假说才逐渐被人们所接受。康尼查罗还对当时混乱的原子和分子概念进行了系统的梳理，提出："原子是组成分子的最小粒子，而分子是物质性质的体现者——分子是在理化性质方面可与其他类似的粒子相比较的最小粒子。"从而把原子学说和分子假说整理成一个协调的系统，原子-分子学说因此才被广泛接受。

原子-分子学说之所以能够被广泛接受，原子量和阿伏伽德罗常数的测定也在其中发挥了重要作用。道尔顿最先提出了原子量的概念，并率先开展了原子量的测定，但是道尔顿的原子量测定过于主观，以氧的原子量测定为例，道尔顿定义"氢的相对原子量为 1，而水是 1 个氢原子和 1 个氧原子组成"，按照拉瓦锡对水重量组成的测量结果，氢占 15%，氧占 85%，因此氧的相对原子量为 85/15=5.6。道尔顿最终完成了 37 种原子量的测定，但是由于主观认定物质的组成，因此测量结果多数是错误的。瑞典化学家贝采利乌斯对道尔顿的错误进行了修正，并基于当时氧化物的研究相对充分的情况，因而选取氧的原子量为基准开展测定，他总共测定了 40 余种元素的原子量，与现在的测量结果非常接近。美国化学家理查兹采用更为纯净的试剂和样品对原子量进行测定，精确测定了 60 余种元素的原子量，并因此获得了 1914 年的诺贝尔化学奖。最早的阿伏伽德罗常数测定，是 1865 年奥地利化学家洛施米特基于分子运动理论，通过计算所得。之后法国物理学家让·佩兰通过观测布朗运动得到了测量结果，他在 1923 年出版的《原子》一书中，总结了 11 种测量方法，结果都在（6～7）×10^{23} 范围内。直到今天，阿伏伽德罗常数更为精确的测定仍然是研究人员的不懈追求，其精确测定对于量子基准中"物质的量"以及"质量"基准的发展和完善都有着非常重要的支撑作用。

（4）元素概念的完善与元素周期律的发现　对于第一个给出科学的元素概念的人，有观点认为是波义耳，但是目前还存有争议，而法国化学家拉瓦锡给出的元素定义，其科学性则是没有疑问的。

拉瓦锡在 1789 年出版的《化学基础论》中提到："如果我们想用元素这个术语表示那些构成物质的简单的、不可分割的原子，那么我们对它们很可能尚一无所知；但如果我们用元素或物质的要素这个术语来表达分析所能达到的终点，那么可以把所有这样的物质——无论通过任何方式我们迄今只能将物体分解成它们，都当作元素。但这并不是说就可以据此断言，这些被我们视之为简单的物质不可能由两种甚至更多种要素组成；而是说，由于这些要素一时尚不能被分开，或者更确切地说，由于迄今尚未发现分离它们的方法，因此它们对我们来说就起着简单物质的作用，而且我们不要去猜想它们是复杂的，除非今后实验和观察证明确实如此。"与传统的元素概念相比，拉瓦锡的元素定义有三个特点：①并不能事先规定元素的数目有多少；②没有假定一定数目的元素存在于所有物质之中，并且所有物质最终应分解成同样数目的这几种元素；③操作元素仍然可能由其他更简单的物质组成，只是我们还没有发现分离它们的手段。拉瓦锡将元素分为四大类，并给出了化学史上第一张真正的化学元素表，拉开了发现化学元素的大幕。

1858 年—1859 年期间，德国化学家本生和物理学家基尔霍夫提出了一种新的化学分析方法——光谱化学分析法，如图 4-17a 所示，开创了分析化学的新纪元。两位科学家把各种元素放在本生灯上进行烧灼，从而发出波长一定的光谱，通过对谱线的分析即可判断元素的成分。他们利用该方法发现了铷和铯，其他科学家则发现了铊、碘等多种元素。1882 年英国物理学家瑞利在测定氮气密度时，从大气中分离出的氮的密度为 $1.2572g/cm^3$，而用化学方法提取的氮的密度为 $1.2505g/cm^3$。英国化学家拉姆齐征得瑞利的同意后开始研究这个问题，他让空气在红热的镁上通过，由于镁和氧和氮都能够产生反应，因此足够的镁可以吸收空气中的氧和氮，试验结果是空气体积的 79/80 都被吸收，但是总能剩下 1/80。经过精密的光谱分析发现，余下气体中有未知的谱线，第一个惰性气体——氩被发现了，如图 4-17b 所示。两位科学家也因为惰性气体的发现分别获得 1904 年的诺贝尔物理学奖和化学奖。

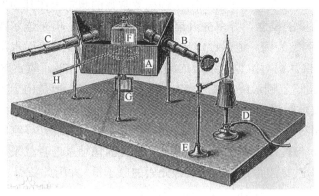

a）本生和基尔霍夫发明的光谱化学分析仪　　　　b）拉姆齐在做试验

图 4-17　新的化学元素的发现

不断涌现的新元素促使人们去思考元素的内在规律，俄国化学家门捷列夫在对前人研究工作进行批判和总结的过程中，于 1869 年总结出元素周期律，即元素的性质随着原子量的递增而呈周期性的变化，进而编制出第一个元素周期表，如图 4-18 所示，把当时已经发现的 63

种元素全部列入表里，并在表中留下空位，预言了硼、铝、硅等未知元素的性质，同时指出当时测定的某些元素原子量数值有误。这些预言最后都被证实，彰显出其科学性，深刻影响了化学乃至其他相关自然科学的发展。为了纪念元素周期表诞生 150 周年，联合国大会宣布 2019 年为"国际化学元素周期表年"，并评价道："元素周期表是科学史上最卓著的发现之一，刻画出的不仅是化学的本质，也是物理学和生物学的本质。"

a）元素周期表手稿

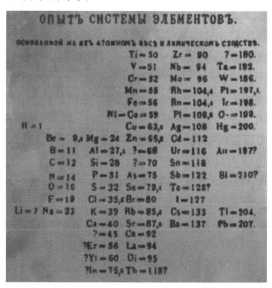
b）第一版元素周期表

图 4-18　元素周期律的发现

纵观近代化学发展历程，在大量的试验积累和经验总结的基础上，化学成为一门独立的科学，并且随着基础理论的不断完善，兴起了电化学等化学工业，化学的发展进入了繁荣昌盛时期，成为自然科学发展中的中心学科。

3．测量与现代化学发展

19 世纪末物理学的三大发现开启了人类认识微观世界的大门，人们可以在微观世界中思考和研究化学变化的性质和规律，无机化学和有机化学有了新的发展方向，物理化学和分析化学逐步发展壮大，新的化学分支不断涌现，化学发展进入现代化学阶段。

（1）现代原子论的发展　原子不可分是道尔顿原子论的核心，但是在汤姆逊发现电子的事实面前被无情地"击碎"了，现代电子论应运而生。

汤姆逊在发现电子以后提出了正电球体原子模型，认为原子球体内部的空间带正电，而电子以同心圆均匀地分布在球体空间内。但是，带正电的空间并没有经过实验验证且缺乏载体，因此受到了质疑。汤姆逊的学生卢瑟福为了验证汤姆逊的电子模型，开展了α粒子散射实验。他指导学生将镭发射出的高速α粒子射向薄金属板，如果金属中的原子结构符合汤姆逊模型的话，那么所有的α粒子就会穿过金属板笔直前进，但是实验结果却是α粒子发生了散射，有些粒子的偏转角大于 90°，甚至被直接反弹了回来。通过对实验结果的分析，卢瑟福认为原子内部一定有一个集中了全部正电荷且质量很大的核，从而提出了原子核的概念。卢瑟福的学生丹麦物理学家玻尔为了解决原子核模型的稳定性问题，提出了轨道模型，如图 4-19 所示，其核心思想就是：电子在一些特定的可能轨道上绕原子核做圆周运动，离核越远能量越高；当电子在这些可能的轨道上运动时原子不发射也不吸收能量，只有当电子从一个轨道跃迁到另一个轨道时原子才发射或吸收能量。玻尔的模型取得了巨大成功，但是却不能解释多电子原子的原子光谱，因此人们转而从微观粒子的本质去思考原子的微观组成及运动规律。法国物理学家德布罗意的波粒二象性理论、薛定谔以及海森堡量子力学方程的提出，完善了基于量子力学理论的原子结构模型。

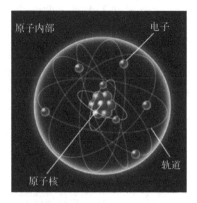

图 4-19　玻尔轨道模型

在发现原子核前，1898 年，卢瑟福在研究放射性元素发射出的射线时，发现射线含有三部分，他将其命名为α、β和γ，如图 4-20 所示。γ是类似 X 射线的光，β就是汤姆逊发现的电子，α则是一种带正电荷的、质量比电子大的原子碎片（后来判明为氦原子核）。放射性元素发射出比电子大的原子碎片引起了卢瑟福的高度注意，他认为这意味着放射性元素的原子自发地破碎了，在破碎过程中较小的原子碎片，如α粒子和β粒子飞出形成射线，而较大的原子碎片则残留在样品中形成另外一种原子。随后的三年，卢瑟福和化学家索迪合作，找到了这方面的大量证据，发现放射性元素铀、镭、钍经过不断发射α和β粒子，最终变成了铅。1902 年，卢瑟福和索迪共同发表了《放射性的原因和本质》这个划时代的论文，发现了放射性物质发生变化的规律，指出放射性原子是不稳定的，它通过放射出α或β粒子而自发地变成另一种元素的原子。元素蜕变理论彻底颠覆了元素不可变的传统化学观，加上之前的原子不可分观念的颠覆，现代原子论不断发展和完善，成为支撑现代化学发展的基础理论。

 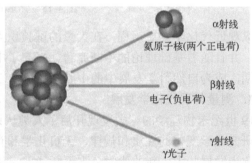

图 4-20　正在做实验的卢瑟福及放射性元素衰变示意图

（2）物理化学的发展　物理化学，顾名思义，就是用物理手段来研究化学现象，以便找出化学过程中最具普遍性的一般规律。物理化学的概念最早由俄国化学家罗蒙诺索夫提出，他第一次将物理学的研究方法应用于化学上，并称之为物理化学。

美国化学家吉布斯是化学热力学的奠基人，1873 年他提出采用图解法研究流体的热力学，并提出了三维相图，受到了包括麦克斯韦在内的众多科学家的称赞。之后，他发表了奠定化学热力学基础的经典之作《论非均相物体的平衡》论文，被认为是化学史上最重要的论文之一，其中提出了吉布斯自由能、化学势等概念，阐明了化学平衡、相平衡、表面吸附等现象的本质。1889 年，吉布斯出版了将热力学建立在统计力学基础上的经典教科书《统计力学的基本原理》，完成了化学热力学的奠基，毫无疑问是诺贝尔奖级别的成果。但 1901 年第一个诺贝尔化学奖却颁给了荷兰化学家范托夫，表彰其在化学动力学方面的贡献，不过其工作实际上是建立在吉布斯工作的基础上的。1903 年，吉布斯去世，失去了获得诺贝尔奖的机会。吉布斯和门捷列夫先后错失诺贝尔奖，确实令人扼腕，但是他们的研究工作对现代化学产生的革命性影响，却是举世公认的。

化学反应理论的研究是化学动力学的重要组成部分。英国化学家诺里什、波特以及德国化学家艾根致力于研究极快化学反应，波特改进了闪光光解法，能够测定 10^{-12}s 内的快速变化；诺里什用短暂能量脉冲干扰化学平衡，也能够观测到 10^{-12}s 的化学反应；艾根则改进了温度跳跃法，能够对 10^{-8} 内完成的极快反应进行观测和研究。三位化学家分别发展了不同的极快化学反应观测方法，对化学快速反应动力学研究做出了重大贡献，因此分享了 1967 年的诺贝尔化学奖。1986 年，美国化学家赫施巴赫、美籍华裔化学家李远哲以及加拿大化学家波拉尼因对交叉分子束试验技术的改进，使得研究化学基元反应的动力学过程成为可能而共同获得了该年度的诺贝尔化学奖。而在 20 世纪 80 年代末，美国、埃及双重国籍的化学家泽维尔用世界上速度最快的激光闪光照相机，拍摄到了 100 万亿分之一秒瞬间处于化学反应中的原子的化学键断裂和新形成的过程，创立了飞秒化学这个全新的物理化学分支，如图 4-21 所示。飞秒化学让人们通过"慢动作"观察处于化学反应过程中的原子与分子的转变状态，从根本上改变了人们对化学反应过程的认识，给化学及生命科学等相关学科领域带来了一场革命，泽维尔也因为这个杰出贡献获得了 1999 年的诺贝尔化学奖。

a）泽维尔等人在做实验

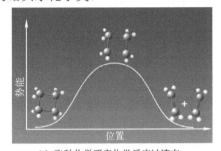
b）飞秒化学研究化学反应过渡态

图 4-21　泽维尔创立的飞秒化学

20 世纪初，当量子力学正在不断完善时，具有战略眼光的化学家就在思考如何将其应用于化学领域。以 X 射线为例，在伦琴发现 X 射线后，对其本质的研究吸引了德国物理学家劳厄的注意，他认为 X 射线是波长极短的电磁波，用其照射晶体应该能够产生衍射现象。1912 年，劳厄及其助手完成了 X 射线衍射实验。英国物理学家布拉格父子认为，既然 X 射线照射晶体能够得到衍射图像，那么通过对衍射图像的分析，应该能够反推出晶体的结构。他们通过对 X 射线谱的研究，提出了晶体衍射理论，研制出世界上第一台 X 射线衍射仪。X 射线衍射的相关实验如图 4-22 所示。X 射线衍射仪是促进量子化学深入发展的利器，多项诺贝尔奖成果得以涌现。量子化学的先驱者之一，美国化学家鲍林通过对大量离子化合物的 X 射线分析，推算出各种离子半径，总结出形成离子化合物的五条规则，阐明了化学键的本质，获得了 1954 年的诺贝尔化学奖。量子化学的理论研究也在不断深入和发展。1998 年诺贝尔化学奖授予了提出电子密度泛函理论的科恩，以及发展了量子化学计算方法的波普，在颁奖公告中提到："量子化学已发展成为广大化学家都能使用的工具，将化学带入一个新时代——实验与理论能携手协力揭示分子体系的性质，化学不再是一门纯实验科学了。"这段话揭示出了实验与理论在化学发展道路上的同等重要性，但实验毫无疑问是先行者。

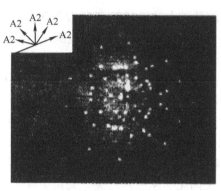
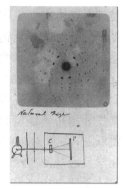

a）X 射线衍射实验装置　　　　b）劳厄的实验结果　　　　c）小布拉格的实验记录

图 4-22　X 射线衍射的相关实验

（3）分析化学的发展　分析化学是研究物质的组成、含量、结构和形态等化学信息的分析方法及理论的一门科学，是化学的一个重要分支。

客观上讲，人们从事分析检验的活动自古有之，天平应该是最早的分析仪器。早在公元前 3000 年，古埃及人就掌握了称量技术，而古巴比伦祭司所用的石制砝码尚存于世。此后天平被广泛应用在风生水起的炼金术中，这应该就是分析化学的起源。到了 17 世纪，化学成为一门独立的学科之后，多种分析检验的方法应运而生。法国化学家盖吕萨克创立滴定分析以及贝采利乌斯对原子量的精确测定等工作，将分析化学的发展向前推进了一大步。而分析化学作为一门科学，普遍被认为是以 1894 年德国化学家奥斯特瓦尔德出版的《分析化学的科学基础》为标志的。到 20 世纪初，关于沉淀反应、酸碱反应、氧化-还原反应及络合物形成反应的四个平衡理论的建立，使分析化学的检测技术一跃成为分析化学学科，被称为经典分析化学。因此，20 世纪初这个时期是分析化学发展史上的第一次革命。

进入 20 世纪以来，原有的经典分析试验方法不断充实完善，并诞生了很多新的分析方法。1896 年，俄国化学家茨维特发现了叶绿蛋白色素，并尝试将其从溶液中分离出来而不改变形式与性质，于 1903 年成功实现。他首先制作出一个碳酸钙吸附柱，然后将其与吸滤瓶连接，使绿色植物叶子的石油醚抽取液从柱中通过。结果植物叶子中的几种色素便在吸附柱上展开，留在最上面的是两种叶绿素，绿色层下面接着叶黄质，随着溶剂跑到吸附层最下层的是黄色的胡萝卜素，吸附柱形成了一个有规则的与光谱相似的色层。最后他用醇为溶剂为它们分别溶下，得到了各成分的纯溶液，他称这种方法为色谱法。1903 年 3 月 21 日，他在波兰举行的国际会议上发表了题为"一种新型吸附现象及其在生物化学分析中的应用"的演讲，分享了这个研究成果，但是并没有引起科学界的重视。直至 1931 年，德国的化学家库恩重复了茨维特的实验，用色谱的方法发现了多种类胡萝卜素，分离并分析了维生素 A 的结构和性质，并因此获得 1938 年的诺贝尔化学奖，色谱分析法才引起了广泛关注。瑞典化学家蒂塞利乌斯发明了吸附色谱分析的方法，用于对血清蛋白复杂性质的分析，获得了 1948 年诺贝尔化学奖；英国化学家马丁和辛格发明了分配色谱的方法，获得了 1952 年诺贝尔化学奖；美国化学家摩尔和斯坦发明了氨基酸分析仪，实质上是一种离子交换的色谱分析方法，将其应用于对核糖核酸酶分子活性中心的催化活性与其化学结构之间的关系的研究，获得 1972 年诺贝尔化学奖。典型色谱分析的原理及测试结果如图 4-23 所示。色谱分析方法作为一种有效分离和分析混合物的方法，已经成为分析化学及生物领域不可或缺的分离、鉴定和制备方法。

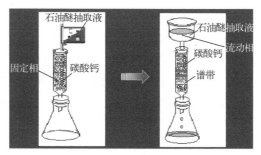

a）茨维特实验示意图

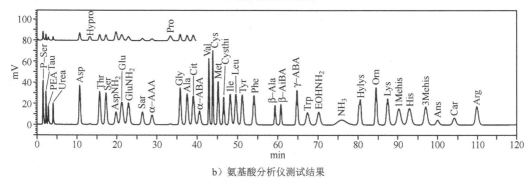

b）氨基酸分析仪测试结果

图 4-23 典型色谱分析的原理及测试结果

英国化学家阿斯顿长期从事同位素的研究工作，他在电子发现者汤姆逊研究工作的基础上，改进了测定阳极射线的气体放电装置，研制出包括离子源、分析器和收集器，可以分析同位素并测量其质量及丰度的质谱仪，如图 4-24a 所示。借助质谱仪，阿斯顿在 71 种元素中发现了 202 种同位素，并通过对同位素的研究，得到了"整数法则"，即除了氢以外的所有元素，其原子质量都是氢原子质量的整数倍。他也因这些杰出的工作获得了 1922 年的诺贝尔化学奖。质谱仪从发明到广泛应用，在分析化学的发展史上不时留下浓墨重彩的痕迹。1934 年，美国化学家尤里因利用质谱分析发现氢的同位素氘而获得诺贝尔化学奖；1996 年，英国化学家克罗托、美国化学家柯尔和斯莫利因为利用质朴分析的方法发现了富勒烯而获得了诺贝尔化学奖；2002 年的诺贝尔化学奖授予了日本化学家田中耕一和美国化学家芬恩，因为两位科学家发展了对生物大分子进行鉴定和结构分析的方法，实现了软解析电离法对生物大分子进行质谱分析。时至今日，质谱分析已经发展成为分析化学中的重要工具。

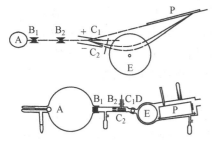

a）阿斯顿的质谱仪结构及实物

b）富勒烯分子结构

图 4-24 质谱仪及富勒烯分子结构

色谱仪及质谱仪等新型分析仪器的发明及应用，改变了经典化学分析以化学分析为主的局面，推动了分析化学的全面纵深发展，被誉为分析化学史上的第二次革命。

20 世纪 70 年代后，分析化学已经不仅仅局限于测定样品的成分及含量，而是着眼于降低测定下限、提高分析准确度上，并且打破了化学与其他学科的界限，利用化学、物理、生物、数学等学科的理论、方法、技术对待分析物质的组成、组分、状态、结构、形态、分布等性质进行全面的分析。由于这些非化学方法的建立和发展，有观点认为分析化学已不只是化学的一部分，而是正逐步转化成为一门边缘学科——分析科学，并认为这是分析化学发展史上的第三次革命。当然这个观点还存有争议，但是不管怎么讲，分析化学由于广泛吸取了当代科学技术的最新成就，毋庸置疑已成为最具活力的发展方向。

纵观现代化学的发展，研究重点从宏观渐入微观，从原子结构、分析结构和晶体结构的研究，化学键本质的探索及反应动力学模型的建立，分析测试方法的不断涌现与成功应用，到限于篇幅本书没有涉及的合成化学及其机理、现代化学工业等，化学深入改变了人类文明发展的进程，当然，仪器与测试也深刻影响了化学发展的方向。以化学收尾，再结合前面讲到的数学和物理，希望能够帮助大家进一步感悟仪器对基础科学的推动作用。

4.2　在工程技术中的广泛应用

4.2.1　在能源领域中的应用

能源与动力是经常联系在一起的词汇，这里首先对两者的关系进行一下界定。能源，顾名思义就是提供能量的资源，而动力则聚焦于能源的转换、传输和利用，两者之间既紧密联系但也有所区别。具体来讲，能源既包括水、煤、石油等传统能源，也包括核能、风能、生物能、氢能等新型能源；而动力则主要包括内燃机、锅炉、航空发动机、制冷等能源转换及利用技术。在明确了两者的界限之后，进而考虑到能源分类方法的多样，且下面介绍的主要目的是窥见仪器在能源领域中应用的影子，因此以科研和生活中广泛应用的电能为例展开介绍，仪器在其他类型能源中的应用，读者可以自行去思考和探索。

1. 电能发展简史

人类最初是从自然界的雷电和天然磁石开始注意到电磁现象的，在古希腊和中国的古代文献中，都记载了琥珀摩擦后吸引细微物体和天然磁石吸铁的现象。但在很长一段时间里，人类的认识都停留在静电层面上，而且是微弱的或转瞬即逝的静电，直到 1800 年意大利物理学家伏特发明了伏特电堆，使得化学能可以转化为源源不断输出的电能，是电能发展史上的里程碑。之后，丹麦物理学家奥斯特以及英国物理学家法拉第分别发现了电流的磁效应以及电磁感应现象，法国物理学家安培提出了载流导线间相互作用力的安培定律，德国物理学家欧姆创立了描述电流、电压、电阻之间相互关系的欧姆定律，再加上英国物理学家麦克斯韦电磁场理论的建立，奠定了电能发展的基础，具备实用价值的发电机呼之欲出。

1832 年，法国物理学家皮克斯发明了世界上第一台实用的直流发电机，其中能够输出直流电的关键部件——换向器参考了安培的建议。1845 年，英国物理学家惠斯通利用伏特电池给线圈激励，用电磁铁替代了永久磁铁，并改进了电枢绕组，研制出第一台电磁铁发电机。1866 年，德国物理学家西门子研制出世界上第一台自激式发电机，标志着制造大容量发电机技术的突破。1809 年，英国化学家戴维用 2000 个伏特电堆供电，通过调整木炭电极间的距离使之发光，标志了电照明时代的开启。1879 年，美国发明家爱迪生研制出能够长时间稳定发光的灯泡，是电能进入日常生活的转折点。发电机历史上的部分标志成果如图 4-25 所示。

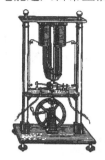

a）第一台直流发电机　　　　b）第一台自激式发电机

图 4-25　世界上第一台直流发电机与自激式发电机

19 世纪后期，迫切需要建设能够大规模供电的发电厂。法国和美国先后建立起商业化的火力直流发电厂，但是为了降低传输过程中的损失，需要提高发电机的输电电压，直流发电难以实现，且对直流电压进行大幅度的升高和降低也是无法做到的。因此，人们转而研究交流发电和变压器。1880 年前后英国工程师费朗蒂改进了交流发电机，并提出了交流高压输电的概念。1882 年，英国工程师高登研制出大型二相交流发电机，同年法国工程师高尔德和英国工程师吉布斯研制出第一台有实用价值的变压器。1885 年，意大利物理学家费拉里斯提出了旋转磁场的原理，研制出二相异步电动机。1888 年，俄罗斯工程师多勃罗沃利斯基研制出三相交流笼形异步电动机，为远距离交流输电创造了条件。1891 年，在德国法兰克福电气技术博览会上，成功进行了 8500V、18km 距离的三相交流输电试验，其有效性与优越性得到了公认。早期的交流输电系统采用 12.44kV 和 60kV 的电压等级，之后随着科学技术的进步，电压逐渐增大，到 1965 年已经达到了 750kV。苏联在 1985 年建成了世界上第一条 1150kV 特高压输电线路，但后来受解体及经济衰退的影响，已经降到 500kV 运行。而随着电力电子技术的快速发展，直流升压和降压的难题得以解决，高压直流输电得到了蓬勃发展。1985 年巴西伊泰普直流工程建成，能够实现 ±600kV、806km 的直流输电，是国外目前运行电压等级最高的直流输电系统。我国的电力系统发展则经历了从无到有、由弱到强的快速发展过程，当前我国建有世界上首个投入商业运行的 1000kV 交流特高压输电系统，以及世界上电压等级最高的 ±800kV 特高压直流输电系统，在世界上独领风骚。

之所以以电能为例，一方面是因为作为二次能源，产生电能的方式多样，水力、煤炭等都可以经过相应的转换输出电能，且随着人类科学技术水平的提升，核能、风能、太阳能等新型能源也可以转换为电能输出，因此电能在能源领域非常具有代表性。另一方面，通过电能的发展历程，可以看到在每一个里程碑上，都有观测与试验的身影，而且在电能广泛应用的过程中，输电系统遇到了多变复杂的地形和环境条件，需要及时准确地应对，因此对测量的需求更加迫切。只有通过全面的检测与分析，才能够及时准确地了解电力系统的运行状况，下面就选取两个典型的切入点，即电力设备健康状况评估以及电能质量分析，从这两个方面向大家展示一下测量与仪器所发挥的重要作用。

2. 电力设备健康状况评估中的应用

一个完整的电力系统，从发电到输配电，直至最后的用户端，需要大量的设备来支撑实现，这些设备的健康状况直接影响到电力系统的安全稳定运行，我们选取其中的一个典型设备——电力变压器为例，来了解测量在其中的广泛应用。

电力变压器采用电磁感应原理，其主体是线圈（绕组）与铁心，通过调整线圈一次侧和二次侧的匝数比，来实现升压或者降压，结构和实物图如图 4-26 所示。大部分电力变压器的箱体是充油的，一方面实现绝缘，另一方面也有助于散热。不同电压等级的变压器结构上会有细微的差别，但是基本框架结构是相同的。

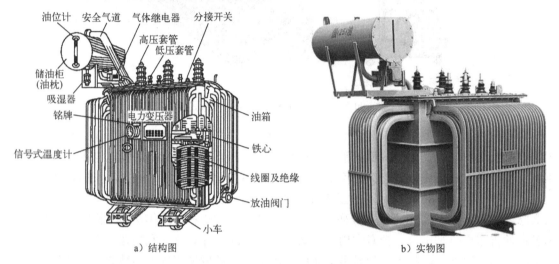

a）结构图　　　　　　　　　　　　　　　　b）实物图

图 4-26　电力变压器结构及实物图

电力变压器在电力系统中起着举足轻重的作用，其健康状况的评估也由于其结构的复杂性遇到了很多困难，长期以来都是电力系统关注的热点，涉及的参数之多，在线检测的难度之大，在众多电力设备中都是名列前茅的，下面选取几个典型参数进行介绍。

（1）油中溶解气体的在线检测　油浸电力变压器在运行过程中，绝缘油在热（电流效应）和放电（电压效应）因素的共同作用下，会分解出氢气、一氧化碳、二氧化碳及多种低分子烃类气体（甲烷、乙烷、乙烯和乙炔等），也可能生成碳的固体颗粒及碳氢聚合物。国内外的运行经验表明，分解气体的种类和含量是反映变压器绝缘状况的最有效参数之一，因此在国际电工委员会标准和国家标准中，变压器油中溶解气体分析方法列在了所有方法中的第一位。

变压器油中溶解气体的在线检测主要包括油气分离和混合气体检测两步。在油气分离方面，有多种方法可以选择，如高分子膜、真空脱气等，但是在脱出气体的时间、脱出气体的比率等方面尚存不足，难以完全满足高精度实时现场脱气的要求；在混合气体检测方面，受检测方法和检测器特性的限制，多数在线检测装置检测气体的种类不够齐全，特别是对于痕量气体和氢气的检测，多数方法的检测结果和检测重复性难以满足现场应用的要求。目前产品化的在线检测装置，其主要工作原理包括气相色谱法、传感器阵列法、傅里叶红外光谱法以及光声光谱法。

气相色谱法就是前面分析化学中讲到的色谱分析方法，由于该法在油气分离及分离之后的气体检测方面都存在一些问题，因此实用效果并不理想。传感器阵列法是将气体传感器布置成阵列的方式，将阵列传感器的输出信号结合人工智能技术，以实现多种气体检测，在变压器领域中应用时主要存在痕量气体检测困难的问题。傅里叶红外光谱仪是利用气体的吸收光谱来判断气体并进行定量的，可以连续采集对故障分析有利的全部故障特征气体，因此近年来得到了电力系统研究人员的广泛关注。但在实际应用时，由于原理的局限性难以检测氢气的含量，且为了获取更高的灵敏度，在痕量气体检测时，需要体积庞大的气池才能够实现，不利于在线检测的实施。光声光谱法的检测原理及现场安装示意图如图 4-27 所示，其工作过程就是：分布式反馈激光器（DFB）发出的光经过透镜汇聚后，利用斩波器产生频率变化的光，即图中的调整激光；之后，不同频率的光经过滤光片进入光声池，光声池当中的气体分子接触到不同特征频率的光之后就会发生辐射或者非辐射的跃迁。当发生非辐射跃迁时，气体分子吸收的能量将转化为动能，进而引起温度升高，从而在光声池中产生声波，利用微音器即可拾取声波信号；最后利用相应的检测设备将该声音信号检测出来。由于斩波器得到的调制频率就是光声池中辐射的声音频率，因此检测的就是该频率对应的声音信号。由于该方法检测的是气体吸收光能的大小，因而反射、散射光等对检测干扰很小，尤其是在对弱吸收以及低体积分数气体的检测中，尽管其吸收很弱，但不需要与入射光强进行比较，因而仍然可以获得很高的灵敏度，从而使得其在电力系统具备了广泛应用的潜力。但是在测量结果的重复性、个别气体的准确性等方面仍有改进的空间，因此该法还不能完全满足油中溶解气体在线测量的需求。

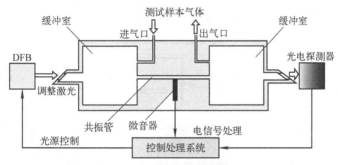

图 4-27　光声光谱法的检测原理及现场安装实物图

（2）局部放电的在线检测　局部放电是指两个电极间绝缘介质局部被击穿的现象，局部击穿之后会引起绝缘老化甚至失效，最终导致绝缘击穿。在电力变压器内部绝缘结构局部场强集中的部位，如果出现局部缺陷，就有可能导致局部放电，进而导致绝缘劣化。因此，及时准确的在线检测有助于发现变压器内部绝缘的潜伏性缺陷，进而判断变压器内部绝缘劣化的程度，从而为电力系统的安全稳定运行奠定坚实基础。

电力变压器内部发生局部放电时，会产生电脉冲、电磁辐射、光辐射、超声波以及一些新的生成物，并引起局部过热，聚焦于不同的物理变化，就相应地出现了脉冲电流法、射频检测法、无线电干扰检测法、超声波检测法、化学检测法以及红外检测法等多种方法。近年来，由于能够更好地避开现场测量时一些常见干扰信号的频段，特高频方法开始得到更多的关注，并且陆续出现了一些应用于现场的检测装置。

特高频方法源于 20 世纪 80 年代，最早应用于气体绝缘变电站的局部放电测量。针对气体绝缘变电站中局部放电信号可达 1GHz 的特点，将局部放电的检测频段从低频段提高到了特高频段（300MHz～3GHz），取得了良好效果。受到这个启发，研究人员开始利用特高频方法对变压器内部的局部放电进行测量，研究结果表明变压器局部放电脉冲的上升沿时间可以达到 1～2ns，能够激发出特高频范围内的电磁波，因此技术上是可行的。一个典型的特高频局部放电在线检测系统的结构如图 4-28 所示，其基本工作过程是：局部放电产生的电磁波经特高频传感器接收后转换为电压信号，然后通过同轴电缆传送到信号放大器，信号经过调理后通过同轴电缆送入主机内的数据采集卡进行信号的采集、存储等处理，最后通过网线或者 USB 数据线传送到分析诊断单元（一般为笔记本计算机）。

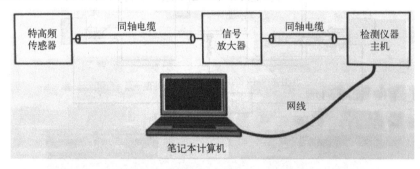

图 4-28　变压器特高频局部放电在线检测系统结构

对于电力变压器而言，局部放电发生在变压器内部的油-隔板绝缘中，由于绝缘结构的复杂性，电磁波传播时会发生多次折射、反射及衰减，同时，变压器箱壁也会对电磁波的传播带来不利影响，这就增加了特高频电磁波检测的难度，因此，变压器特高频局部放电检测技术仍处于起步阶段。国内外研究人员开展了大量艰苦卓绝的研究工作，已经有相应的在线检测系统进行现场检测并取得效果（见图 4-29）的报道。

在局部放电的在线检测中，除了放电量的检测，对于放电位置的检测也是有着迫切需求的。特高频难以实现放电位置的定位，但是和超声波检测进行联合，是有可能实现的，这个研究工作也得到了关注和重视，并有阶段性成果的报道。但是总体来看，变压器局部放电的在线检测离用户的需求仍然还有一定的距离。对于脉冲电流法等低频段的方法而言，现场干扰的有效抑制始终是个难题；而对于特高频等高频检测方法而言，虽然有效避免了现场干扰信号的频段，但是特高频在变压器内部的传播特性复杂，因此仍然需要新技术、新方法的不断引入与完善，才有可能最终研制出满足用户要求的局部放电在线检测系统。

（3）绕组热点的在线检测　电力变压器运行时内部温度分布不均匀，在过载运行时油温虽为允许值，但变压器绕组热点温度可能很高，从而导致局部绝缘老化，进一步发展有可能击穿而损坏变压器。因此变压器绕组热点温度的在线检测也是用户和研究人员关注的热点。

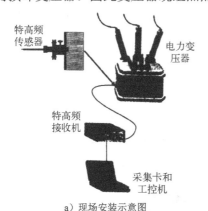

a）现场安装示意图

b）检测到局部放电解体后验证

图 4-29　特高频局部放电在线检测系统及其应用

目前，绕组热点在线检测普遍采用的方法包括热模拟测量法、直接测量法和间接计算法。其中：热模拟测量法由于绕组温升过程与理论模型的模拟过程不尽相同，因而造成测量误差较大；间接计算法则依据国际电工委员会的标准进行计算，由于标准简化了变压器的热特性分布，因此计算结果只能在某种程度上反映绕组热点的状态；直接测量法是采用在绕组内直接布置测量点的方式进行热点温度的检测，由于是直接测量的结果，因此准确反映了热点温度的变化，但是由于温度传感器的植入，将会引起绕组绝缘特性的变化，且植入点的位置、数量和分布规律等研究仍然处于探索阶段。近年来，分布式光纤光栅测温技术的发展给变压器绕组热点测温提供了新的可能。

光纤光栅是通过相位掩膜版制造技术，由光纤经过激光照射形成的光波长反射器件。一定带宽的光与光纤光栅场发生作用，光纤光栅反射回特定中心波长的窄带光，其余宽带光沿光纤继续传输。反射的中心波长随作用于光纤光栅的温度变化而线性变化，从而使光纤光栅成为性能优异的温度测量元件。沿光纤继续传输的透射光继续传输给其他具有不同中心波长的光纤光栅，并逐一反射各个光纤光栅的中心波长，通过测量各反射光的中心波长，从而实现一根光纤上多个光纤光栅温度传感器的串联。优异的绝缘性能以及分布式测量的特点，使得基于光纤光栅测温原理的绕组热点在线检测系统方兴未艾。一个典型的光纤光栅绕组热点温度在线检测系统的结构及其实际安装、测量结果如图 4-30 所示。

分布式光纤光栅温度测量系统能够满足绕组热点的测量需求，实现多个测温点的在线实时测量，如果能在长期运行的可靠性和稳定性上更进一步的话，是有可能实际应用的；如果再结合局部放电在线检测、油中溶解气体分析等其他方法的检测结果，则将会为电力变压器健康状况的全面评估提供强有力的支撑。

3. 电能质量分析中的应用

电力系统中理想的电压波形是三相对称、周期性的正弦波，但是由于各种非线性负载和应变负载的应用，必然会带来频率和波形的变化，从而引发电能质量问题。客观上讲，自从 19 世纪后期电力系统开始应用以来，电能质量的问题就一直存在，但时至今日，对电能质量术语还没有一个普遍被接受的定义。一般可以这样认为，电能质量是与电力系统安全经济运行相关的、能够对用户正常生产工艺过程及产品质量产生影响的电力供应的综合技术指标描述，它涉及电压电流波形形状、幅值及频率三大基本要素。从中可以看出，电能质量分析的前提是实时准确的电压、电流信号采集，在此基础上利用信号处理的方法进行相关特征参数的计算，因此测量仪器在电能质量分析中发挥着重要的作用。

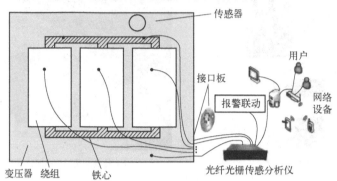

a）在线检测系统结构

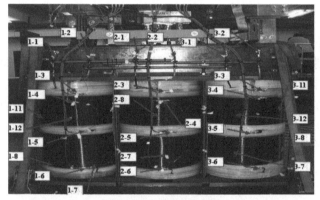

b）光纤光栅传感器安装实物图

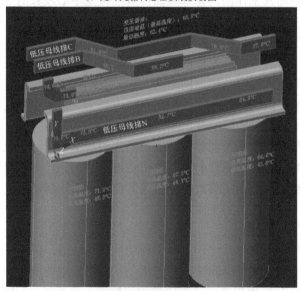

c）在线运行测量结果

图 4-30　光纤光栅绕组热点温度在线检测系统的结构及其实际安装、测量结果

一个典型的电能质量检测与分析系统结构如图 4-31 所示，系统关注了如何利用互联网技术进行信息访问，给予了用户更多的选择，也符合现代电力系统的发展方向。

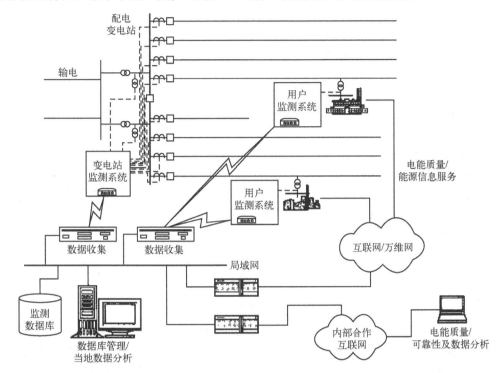

图 4-31　电能质量检测与分析系统结构

电能质量检测与分析系统由各种各样的具有记录电能质量信息功能的设备构成，主要包括以下几种，不同的用户可以根据自己的需求进行灵活搭配：

1）数字故障记录器。一般在短路故障下启动并记录和描述事件的电压和电流波形，能够有效反映出故障期间发生的电压暂降等方均根值扰动现象，也能够为计算谐波畸变水平提供周期变化的波形记录。

2）智能继电器和其他智能电子装置。目前有些变电站配置了具有检测能力的智能电子装置，不管以何种方式检测电流的装置，如继电器和自动重合器等，相关生产商正在增加记录扰动的功能，并且使该信息被综合检测系统的控制器所使用，这类装置可以安装在变电站，也可以安装在馈电线路上。

3）电压记录器。电压记录器主要是用来检测配电系统的稳态电压变化，而有能力检测电压暂降甚至谐波畸变水平的样机正在研制开发中。一个发展趋势是，电压记录器可以给出最大值、最小值以及一个指定窗口内的平均值，并且能够反映出电压暂降的幅值。

4）工厂内部的电力检测仪。安装在工业设施内部供电入口处的电力检测仪，可以作为电力公司检测计划的一部分。一般来讲，这些仪器能够评估谐波畸变水平、分析稳态均方根值变化规律、记录电压暂降的波形，但通常不具备瞬态检测功能。

5）专用电能质量检测仪。通常能够实现所有三相加中性线的电压和电流检测，主要特点是在扰动期间能够触发所有通道同时检测电压和电流，这种类型的电能质量检测仪已经比较成熟，广泛应用于变电站、馈电线和用户供电入口处。

6）电能计量表。电能质量分析中电压、电流的测量结果必须有精度的保证，因此电能计量表的设计与应用是必要的，也是迫切的，也是所有电能表计生产商瞄准的方向，来自电能计量表的信息也要纳入电能质量综合检测系统中。

早期的电能质量测量仪器体积庞大笨重，数据也是要记录在条带图形纸上的。如图 4-32 所示：20 世纪 20 年代，美国通用电气公司开发的雷击记录器，是早期电能质量检测仪器的代表，数据记录是定性的，对其进行解读比较困难。到了 20 世纪 60 年代，研究人员开发出可以捕捉雷击电压波形的浪涌计数器，才显著改善了电能质量的测量水平。1975 年，基于微处理器的电力线扰动分析仪研制成功，推动了电能质量测量仪器的革命性变化。

a）20 世纪 20 年代的雷击记录器　　　b）20 世纪 60 年代的浪涌计数器　　　c）电力线扰动分析仪

图 4-32　早期的电能质量测量仪器

电能质量测量仪器发展到今天，无论是从测量参数的种类，还是从测量结果的准确性，乃至测量仪器的性能，都有了天翻地覆的变化。一方面是源于现代电力系统电能质量分析的复杂性和高要求，迫切需要提升测量与分析水平，另一方面则是由于科学技术水平的提升，新的测量方法和测量手段不断涌现，能够为现代电力系统电能质量分析提供强有力的保障。当然，用户需求和解决方法始终是矛和盾的关系，只有两者相辅相成，共同发展，才能够谱写出现代电力系统高水平电能质量分析的华美篇章。

4.2.2　在海洋领域中的应用

人类文明发展到今天，主要是依赖陆地资源的开发和利用，近年来，随着人口激增、耕地锐减、环境资源恶化等问题的日益凸显，人们一方面开始寻求陆地资源可持续发展的有效措施，另一方面也在思考着如何拓展资源。海洋覆盖着地球面积的 71%，是一个巨大的天然宝库，其资源丰富程度是难以想象的，因此世界各国都自然而然地将目光投向了海洋，为开发海洋资源展开了激烈的竞争。

我国是一个海洋大国，海洋面积相当于陆地面积的 1/3。从古代开始，我们就有"舟楫为舆马，巨海化夷庚"的海洋战略，以及"观于海者难为水，游于圣人之门者难为言"的海洋意识。到今天，海洋是我们赖以生存的"第二疆土"和"蓝色粮仓"。2012 年，党的十八大做出了建设海洋强国的重大部署，2013 年，习近平总书记提出要进一步关心海洋、认识海洋、经略海洋，掀开了海洋开发与应用的新篇章。

海洋科学是研究海洋的自然现象、性质及其变化规律，以及与开发利用海洋有关的知识体系，是地球科学的重要组成部分，其研究领域十分广泛，主要包括对于海洋中的物理、化学、生物和地质过程的基础研究，以及面向海洋资源开发利用、海上军事活动等领域的应用研究。由于海洋本身的整体性、海洋中各种自然过程相互作用的复杂性和主要研究方法、手段的共同性，海洋科学呈现出综合性很强的特点。这里只选取海洋探测、海洋遥感以及海洋捕捞三个点，管中窥豹来感悟海洋科学的广袤与深邃，当然更重要的是能够认识到在海洋科学研究与应用的过程中，无处不在的测量与仪器的身影。

1. 海洋探测中的应用

海洋探测作为海洋科学的重要组成部分，在维护海洋权益、开发海洋资源、预警海洋灾害、保护海洋环境、加强国防建设、谋求新的发展空间等方面起着十分重要的作用，也是展示一个国家综合国力的重要标志。海洋探测一般分为天基探测、海基探测和水下探测，天基探测就是海洋遥感，海基是指海面上的探测方法，水下则是指潜入海中的探测方法。天基不接触海洋，海基和水下则不然，三种探测方法优势互补，都是不可替代的。本节主要介绍海基和水下的探测方法，天基的探测方法下节会专门介绍。

（1）海基探测典型方法及应用

1）海洋测量船。海洋测量船是一种能够完成海洋环境要素探测、海洋各学科调查和特定海洋参数测量的舰船。世界第一艘海洋测量船是英国的"挑战者"号军舰改装的，从 1872 年到 1876 年，"挑战者"号进行了三年零五个月的大洋调查，将人类研究海洋的进程推进到了全新的高度。随着社会的进步、科技的发展和军事的需求，海洋测量已从单一的水深测量拓展到海底地形、海底地貌、海洋气象、海洋水文、地球物理特性、航天遥感和极地参数测量，海洋测量船的作用日益突出。

按照任务划分，海洋测量船主要包括海道测量船、海洋调查船、科学考察船、地质勘察船、航天测量船、海洋监视船、极地考察船等。随着百余年来世界海洋竞争战略的变化，各国主体海洋测量船的建造吨位也从 1000t、3000t 向 5000t 发展，特殊舰船甚至超过了 1 万 t；测量船的功能也由专项单一发展到了多项综合，作业方式向自动化操作发展，测量范围从近海扩大到了全球海域，探测空间从平面拓展到了立体全方位。现代化的海洋测量船都装备有先进的全球导航定位系统，而海洋测量船的核心就是综合测量系统，包括各种先进的测量设备、控制系统和处理系统。根据任务的需要还可以搭载直升机、深潜器、探空器、专用测量艇、测量浮标等，以胜任全要素测量任务的工作要求。

据不完全统计，目前世界上在役的海洋测量船总计 500 余艘，数量上和质量上都位居前列的主要有美国、日本、俄罗斯、英国和德国等国家。我国海洋测量船的建造从 20 世纪 50 年代开始起步，无论是数量上还是质量上，和世界先进国家还有较明显的差距，特别是在大吨位和综合考察能力方面，需要加大建设力度才能迎头赶上。

通过对海洋测量船的特点和发展历史介绍可以看到，海洋测量船实质上就是一个移动的综合测量平台，能够根据测量任务的需要灵活配置多样的测量设备。图 4-33 就是一艘美国 5000t 级中远海测量船测量设备的工作示意图，配备了从气象监视到海底轮廓测量、从天上到海底的全方位检测能力的测量设备。

我国第一艘自行设计制造的 5000t 远洋测量船是"871 李四光"号，如图 4-34 所示，配备与定位、水深测量、重力、地形、地貌、剖面、潮位、气象观测、水文调查等功能相关的大量测量设备。该船于 1998 年 8 月服役，先后 31 次南下中国南海、17 次勇闯太平洋和印度洋，安全航行 35 万 n mile，测绘里程 54.7 万 km，完成了南沙测量大会战、西太平洋测量、黄岩岛测量、环南海海疆界巡航、南海断续线测量、西北印度洋测量等 30 多项重大测量、测绘任务，填补了海洋测绘领域多项空白，2012 年 12 月退役后入列中国渔政。

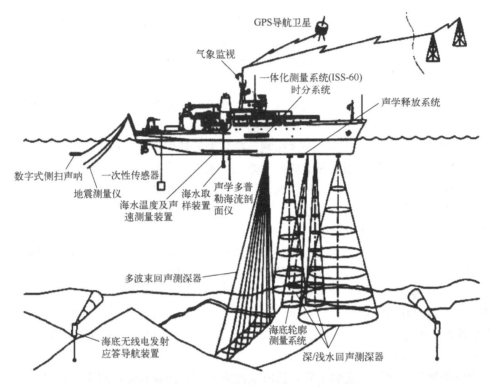

图 4-33　美国 5000t 级中远海测量船测量设备的工作示意图

图 4-34　"871 李四光"号

2）海洋浮标。海洋浮标是一个海洋水文水质气象自动观测站，主要包括锚定在海上的资料浮标以及漂流浮标两种。海洋浮标能够在恶劣的海洋环境下无人值守，能够自动、连续地获取水面和水下海洋环境数据，是海洋测量船做不到的，特别是漂流浮标，能够在人或船舶、飞机都不可能到达的海域进行环境参数的连续观测，因此是海洋环境观测技术的重要组成部分和主要发展方向之一。

一般来讲，海洋资料浮标主要包括浮体、桅杆、锚系和配重等几部分，功能模块主要由供电、通信控制、传感器等构成。水上桅杆部分主要用来搭载太阳能板、气象类传感器和通信中断等；水下部分搭载水文水质传感器。各传感器产生的信号，通过仪器自动处理，由发射机定时发出，地面接收站将收到的信号进行处理，就得到了连续检测的结果。有的浮标建立在离陆地很远的地方，便将信号发往卫星，再由卫星将信号传送到地面接收站。

国外海洋浮标技术的研制始于 20 世纪 40 年代末，60 年代开始在海洋调查中试用海洋浮标，70 年代中期浮标技术趋于成熟，进入实用阶段，80 年代美国和挪威等国家已经建立起海上监测网。相较于国外的发展，国内的研究起步略晚，50 年代末开始研制，70 年代研制出实用的锚定资料浮标，进入 21 世纪，才逐步建立起了浮标网。我国海洋资料浮标实物如图 4-35 所示。虽然浮标网的历史不长，但从技术水平上讲，我国的资料浮标水平已经与国际相当，资料浮标网的规模也仅次于美国，覆盖了从北到南的所有海域，已经成为我国海洋监测体系的主体，为我国海洋预报、海洋开发、防灾减灾、科学研究、权益维护等方面提供了有力的数据支撑。

图 4-35　我国海洋资料浮标实物

（2）水下探测典型方法及应用　水下探测主要依赖潜水器或者水下传感器网络，潜水器又可以分为载人潜水器、无人潜水器以及缆控无人遥控潜水器，其中，载人潜水器是由人员驾驶操作，配置生命支持和辅助系统，具备水下机动和作业能力的装备。载人潜水器可以运载科学家、工程技术人员和各种电子装置、机械设备，快速、精确地到达各种深海复杂环境，进行高效的勘探、科学考察和开发作业，是人类实现开发深海、利用海洋的一项重要技术手段，发展以载人潜水器为代表的高技术装备群已经成为海洋强国的普遍共识。

目前，世界上仅有美、法、俄、日、中五个国家掌握了大深度载人深潜海底探测平台技术，法国和俄罗斯的载人潜水器能够潜到水下 6000m 的深度，美国和日本的可以达到 6500m。而我国自主设计的作业型深海载人潜水器"蛟龙号"，设计最大下潜深度为 7000m，2012 年 6 月 27 日实现了 7062m 的下潜深度，创造了我国载人深潜纪录，如图 4-36 所示。"蛟龙号"可以到达世界上 99.8%的海床，具备深海探矿、高精度地形测量、可疑物探测与捕获、深海生物考察等功能，能够有效执行海洋地质、海洋地球物理、海洋地球化学、海洋地球环境和海洋生物等科学考察，对于我国开发利用深海资源具有重要意义。

"蛟龙号"的高分辨率测深侧扫声呐在延续了传统侧扫声呐侧扫功能的基础上，同时具备了测深功能，能够实现海底地形、地貌的同步测量，其海底微地形地貌探测和先进的水声数字通信能力，与 7000m 作业深度、先进的操纵性能和航行控制能力以及完善的安全保障措施一起，被誉为是"蛟龙号"载人潜水器的四大技术亮点。图 4-37 给出了某次 7000m 海试时获得的海底微地形图和地貌图，测量结果达到了设计要求。

"蛟龙号"载人潜水器的研制成功，使我国在该领域的研究工作走在了世界前列。随后我国启动了万米级载人潜水器"彩虹鱼号"的研制工作，目前已完成

图 4-36　"蛟龙号"实物图

南海 4000m 载人海试和 1.1 万 m 无人深潜试验，2019 年—2020 年海试，挑战马里亚纳海沟 1.1 万 m 的载人深潜极限深度，向着全球首台万米载人海底探测潜水器的目标稳步前进。

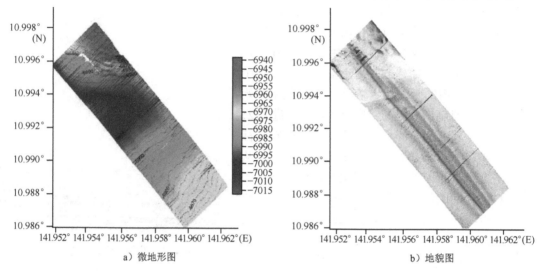

a）微地形图　　　　　　　　　　　　　　b）地貌图

图 4-37　海底微地形图和地貌图

2．海洋遥感中的应用

海洋遥感，就是通过星载、机载和舰载遥感传感器探测海面反射、散射或自发辐射的各个波段的电磁波，通过对其进行分析以获得相关信息的过程。相较于常规调查方法，海洋遥感在实施大范围海面瞬间信息检测、长序列全球海洋数据采集以及海面粗糙度等海洋要素测量方面具有不可替代的优势，其中海洋卫星遥感已经成为发达国家竭力争夺的海洋高科技之一，美国、欧洲、日本等国家相继出台了国家层面的战略支持计划。我国起步相对较晚，距离国际先进水平还有一定差距，但是发展很快。

遥感传感器是海洋卫星遥感能否发挥重要作用的关键。根据使用光谱范围的不同，可以分为光学遥感器、微波遥感器和激光遥感器，光学遥感器又可细分为可见光遥感器和红外遥感器；而根据工作方式的不同，可分为主动式和被动式两种。下面就以我国第一颗海洋动力环境卫星"海洋二号 A 星"为例，简要介绍其中搭载的遥感器及应用效果。

"海洋二号 A 星"是 2011 年 8 月 16 日发射的，集主、被动微波遥感器于一体，具有高精度测轨、定轨能力与全天候、全天时、全球探测能力，创造了我国的多个"第一"，如图 4-38 所示。卫星的主要载荷有：雷达高度计、微波散射计、扫描微波辐射计、校正辐射计。主要目的是监测和调查海洋环境，获得包括海面风场、浪高、海流、海面温度等多种海洋动力环境参数，直接为灾害性海况预警、预报等提供实测数据，为海洋防灾减灾、海洋权益维护、海洋资源开发、海洋环境保护、海洋科学研究以及国防建设等提供支撑。

自"海洋二号 A 星"卫星上的载荷开机以来，提供了大量的连续检测数据，部分载荷提供的数据质量达到了国际先进水平，部分检测结果如图 4-39 所示。以搭载的微波散射计和雷达高度计为例，这两种主动微波遥感器能够同步获取海洋风场和海浪信息，在海洋灾害监测中具有独特优势。2012 年—2017 年间成功检测了登陆我国的全部 132 次台风过程，为沿海地区及时应对海洋灾害提供了多要素的海况信息，在海洋防灾减灾中发挥了重要作用。此外，搭载的扫描微波辐射计旨在通过圆锥扫描的方式，实现了对海面和大气等目标的全天时、全

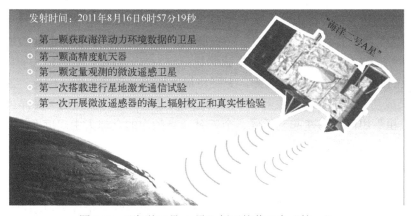

图 4-38　"海洋二号 A 星"创下的若干个"第一"

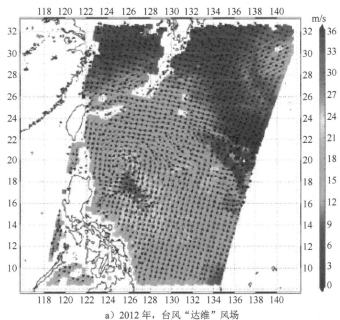

a）2012 年，台风"达维"风场

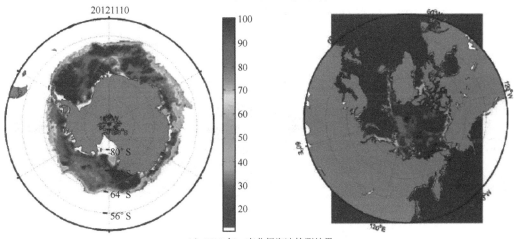

b）2012 年，南北极海冰检测结果

图 4-39　"海洋二号 A 星"搭载载荷的部分检测结果

天候探测，以定量化获取海面温度、大气水蒸气含量、大气液态水含量、海冰等海洋大气物理参量，从而为全球海洋气候环境预报、防灾减灾、远洋渔业等提供全面的数据支持。

近年来，考虑到"海洋二号 A 星"搭载的载荷均为单一载荷，观测能力有限，如果能和其他卫星搭载的同类载荷进行组网观测，无疑将极大地提升观测能力。因此，2018 年 10 月25 日，我国又成功发射了"海洋二号 B 星"，这两颗卫星将会与后续的"海洋二号 C 星"和"海洋二号 D 星"组网，搭建起全天候、全天时、高频次的全球大中尺度海洋动力环境卫星监测体系，从而为大范围、深层次的海洋遥感提供更好的服务。

3. 海洋捕捞中的应用

海洋捕捞是指对海洋中各种天然水生动植物的捕捞活动。据统计，2016 年和 2017 年全世界食用鱼品的人均消费量分别为 20.3kg 和 20.5kg，而鱼类约占全球人口动物蛋白消费量的17%。通过这些数字可以看到，海洋捕捞在人民日常生活中的重要作用，根据渔场利用方式的不同，海洋捕捞一般分为沿岸捕捞、近海捕捞、外海捕捞和远洋捕捞四种，下面以远洋捕捞为例，来体会一下测量与仪器的应用。

远洋捕捞是指在 200m 等深线以外大洋区进行的捕捞作业。由于近海环境的恶化与渔业资源的枯竭，近海捕捞业发展已经陷入困境，远洋捕捞业成为海洋捕捞业新的增长点。为了适应远距离出海捕鱼的需要，远洋捕捞船通常会配备卫星导航仪、雷达、单边电台、探鱼仪以及网位仪等设备。导航仪主要是确保渔船航行位置的精准，我们将在"在航空航天领域中的应用"一节中对其进行介绍，这里主要介绍一下探鱼仪和网位仪。

探鱼仪是海洋捕捞的"眼睛"，是关系到海洋捕捞产业能否丰收的重要设备之一，再加上其还具有测深、测温和测速等功能，所以是远洋捕捞船上的标准配置。探鱼仪是声呐技术在海洋渔业中的应用，声呐技术是英国海军刘易斯·尼克森发明的，他在 1906 年发明的第一部声呐仪是一种被动式的聆听装置，主要用来侦测冰山。主动式声呐技术在第二次世界大战中被广泛应用于战场，成为探测隐藏在深海的潜水艇的利器。

声呐主要是利用了声波在水下传播特性的变化，通过电声转换和信息处理，完成水下探测和通信任务。早期的探鱼仪采用的是单波束探测技术，利用单一频率的超声波，发射角较小，探测范围有限；后来逐渐发展到多波束探测技术，通过发射多个频率和发射角均不相同的超声波，实现宽范围、大深度的探测，如图 4-40 所示。

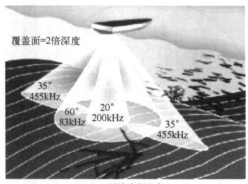

a）单波束探鱼仪　　　　　　　　　　　b）四波束探鱼仪

图 4-40　不同波束声呐探鱼仪的原理示意图

网位仪主要用来测定拖网网口的高度，以及探测拖网浮纲上方、下方的鱼群信息和在曳行中浮纲的稳定状态，并且能够测定拖网所在水层和温度信息。捕捞人员可以根据网位仪显示的信息，操纵渔网使得网具瞄准鱼群捕捞，从而提高捕捞的经济效益，因此从某种程度上讲，网位仪就是拖网的"眼睛"。水下声学探头是网位仪的核心组成部分。水下声学探头具有前视、网位、垂直扫描功能，可以测量网口所在位置的深度及周围海水的温度，其电子系统对信号进行解算处理，并将解算结果传输至数据处理及显控部分进行显示。根据传输方式的不同，网位仪可以分为两类：一类是无缆网位仪，通过水声通信以无线传输的方式将网位仪获取的数据信息传送至捕捞船终端进行显示；另一类是有缆网位仪，通过专用水下电缆以有线传输的方式实现网位仪与捕捞船终端之间的信息传输。图 4-41 给出了网位仪的应用示意图以及典型结构。典型结构主要包括水下声学探头、供电/数据传输以及数据处理与显示三个部分，部分部件可以根据需要进行选配。

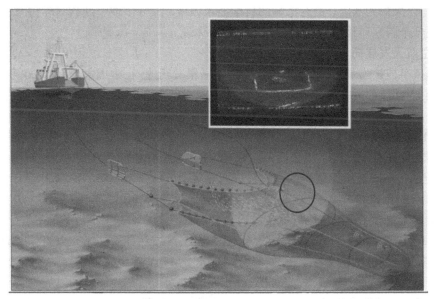

a）网位仪（见圆圈内）应用

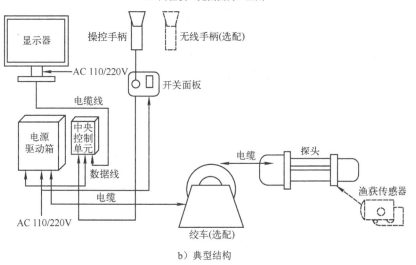

b）典型结构

图 4-41　网位仪应用示意图及典型结构

　　限于篇幅，我们只介绍探鱼仪和网位仪的原理及应用，这两种仪器只是海洋捕捞中诸多仪器的代表，感兴趣的读者可以通过查阅专业的书籍和期刊论文来进一步了解海洋捕捞业以及其中仪器应用的例子。

4.2.3　在航空航天领域中的应用

　　人类在征服大自然的漫长岁月中，早就产生了翱翔天空、遨游宇宙的愿望。在生产力和科学技术水平都很低的时代，这种愿望只能停留在幻想的阶段。虽然人类很早就做过种种飞行的探索和尝试，但是第一次飞上蓝天还只能从18世纪的热气球升空开始。进入20世纪以来，第一架带动力的、可操纵的飞机完成了短暂的飞行之后，人类在大气层中自由飞翔的古老梦想才真正开始成为现实。航空航天科学技术也就从此成为一门独立的学科，并迅速发展成为20世纪以来最为活跃、最有影响的科学技术领域，综合体现了现代科学技术的许多最新成就，也是一个国家科技实力与综合实力的重要体现。

1. 航空航天发展简史

　　中国的风筝被认为是航空器的始祖，据传是墨翟发明的，在中国大约有2000多年的历史。大约在公元1600年前后，风筝传到了西方，其滑翔原理被认为是飞机空气动力学中重要的飞行原理之一，奠定了固定翼飞机研制的基础。而在我国东晋时期，民间出现的"竹蜻蜓"玩具，在公元14世纪左右传到欧洲后被作为航空器来进行研究，被誉为是直升机发展史的起点。下面按照固定翼和直升机两条线来简单回顾一下航空器的发展历程。

　　18世纪末，法国造纸商蒙哥尔菲兄弟根据热气上升、冷气下降的原理制造出可以载重的大型热气球，并于1783年6月4日在凡尔赛宫进行了首演，如图4-42a所示。法国国王路易十六和皇后玛丽观看了表演，热气球带着一只公鸡、一只鸭和一头小山羊，在飞行8min之后安全落地。同年11月21日，法国科学家罗捷尔及其好友达朗德，乘坐蒙哥尔菲兄弟改进版的热气球，实现了800m的升空，在20多分钟后安全降落，实现了航空器的第一次载人飞行。之后，随着动力装置的不断改进，气球进一步发展成为飞艇，内燃机的发展则将飞艇研制推向顶峰。1899年，德国工程师齐柏林设计并制造了第一艘硬式飞艇，很快成为流行的航空器。但在1937年，载有97名乘客的大型飞艇"兴登堡"号在着陆时起火爆炸，一共36人遇难，飞艇盛世自此结束。而1899年齐柏林飞艇诞生后不久，1903年美国发明家莱特兄弟研制出"飞行者一号"，并于12月17日实现了试飞，如图4-42b所示，人类历史上第一架比空气重并且由人驾驶的飞机飞行成功，人类飞行的年代开始了。20世纪是个不折不扣的飞机时代，

a）蒙哥尔菲兄弟的热气球升空　　　　　b）莱特兄弟的"飞行者一号"试飞成功

图4-42　飞机发明史上的标志性事件

飞机从军事领域拓展到民用航空，并且伴随着高新技术的发展，不断地升级换代，已经全方位、深层次地改变了人类文明进程。

自"竹蜻蜓"传到欧洲后，意大利科学家达·芬奇对其进行了研究，在 15 世纪绘制了世界上最早的直升机设计草图（见图 4-43a），但只停留在设计层面上。1907 年，法国人保罗·柯纽制造了一架直升机，实现了几米和数秒钟的升空，但是在平衡和操纵能力上遇到了困难，不过这并不妨碍其成为人类历史上驾驶直升机升空的第一人。世界上第一架实用直升机的研制要归功于美国工程师西科尔斯基，他通过在直升机尾部安装一副尾桨，便巧妙地解决了当时直升机飞行当中遇到的最大难题——在空中打转儿，终于使直升机飞上了天空。1939 年，西科尔斯基驾驶 VS-300 直升机，如图 4-43b 所示，离开地面 2～3m，悬停 10s 左右，然后轻盈落地，西科尔斯基也因此被尊称为直升机之父。直升机的发展分代并不像固定翼飞机那样明确，因此世界各个航空强国发展起来的直升机呈现出多样化的形式。

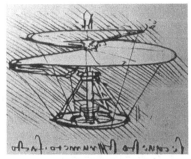

a）达·芬奇直升机设计草图　　　　　　　b）西科尔斯基驾驶 VS-300 直升机

图 4-43　直升机发展史上的标志性事件

现代航天器的发展则要归功于俄罗斯科学家齐奥尔科夫斯基，他最先论证了利用火箭进行星际交通、制造人造地球卫星和近地轨道站的可能性，指出发展宇航和制造火箭的合理途径，找到了火箭和液体发动机结构的一系列重要工程技术解决方案，因此，被尊称为航天之父。1957 年，苏联发射成功了第一颗人造地球卫星，如图 4-44a 所示，人类开始了迈出太空的第一步，同年发射的第二颗卫星把一只小狗送入太空，是第一次载有生物的飞行器进入太空。1959 年，苏联发射了第一个无人月球探测器，同年发射的月球 3 号探测器，是人类历史上第一次探测到了月球背面。1961 年，苏联用东方 1 号载人飞船将宇航员加加林送入太空，掀开了人类进入宇宙空间的新纪元，如图 4-44b 所示。随着能够长期停留在太空的空间站及载人航天飞机的陆续应用，人类可以用多样化的方法探测太空，航天发展进入了崭新时代。

a）人类历史上第一颗人造地球卫星　　　　b）东方 1 号载人飞船进行厂房测试

图 4-44　航天发展史上的标志性事件

限于篇幅，火箭和导弹等运载工具的发展历史不再赘述，感兴趣的读者可以自行查阅航空航天概论类的书籍。

2. 航空科技发展中的仪器仪表

（1）导航技术及其应用　导航是把航空器从某个地方引导到目的地的过程，导航系统就是航空器的眼睛，没有导航系统，飞机等航空器就会变成"瞎子"。著名的例子就是在海湾战争中，多国部队正是采用电子干扰技术破坏了伊拉克的导航系统，使伊拉克的战斗机迷失在蓝天中。

导航系统分为自主式和被动式。自主式不依靠飞行器外部设备和信息进行工作，抗干扰性强，主要包括惯性导航、图像匹配导航、天文导航等；被动式需要外部设备和外界信息的支持才能工作，容易受到干扰，包括无线电导航、卫星导航等。下面分别从自主式和被动式中选取一种进行介绍。

1）惯性导航。惯性导航是利用加速度计测量飞行器的加速度并自动进行积分运算，获得飞行器瞬时速度和瞬时位置的导航系统。组成惯性导航系统的设备都安装在飞行器内，工作时不依赖外界信息，也不向外界辐射能量，不易受到干扰，但惯性器件的误差会随着积分时间累积，因此对于工作时间较长的惯性导航系统，需要其他辅助导航系统进行修正。

惯性导航系统通常由惯性测量装置、计算机、控制显示器等组成。惯性测量装置包括加速度计和陀螺仪，又称惯性测量单元。下面围绕陀螺仪进行介绍，陀螺仪中的"陀螺"一词就源于中国古老的陀螺玩具，两者原理也相同。在中国，陀螺有着悠久的历史，但是源头已经不可考。考古学上目前最早的陀螺实际应用实例见于西汉刘歆所著的《西京杂记》，书中提到了能工巧匠丁缓制作出失传的"被中香炉"，又称"银薰球"。无论薰球怎样滚动香盂都会保持水平状态，这种结构被称为万向支架，其原理则启发了后人研制导航用的陀螺仪。

第一个把万向支架用在现代科学研究，并且做出重要发现的是法国物理学家傅科，陀螺仪（gyroscope）一词也是由他提出的，他在 1850 年研究地球自转时，发现高速转动中的转子由于惯性作用，其旋转轴永远指向固定方向，进而将希腊字 gyro（旋转）和 skopein（看）合在一起来命名这种仪表。1908 年，德国发明家安休茨研制出陀螺罗经，如图 4-45 所示，随后德国的海军在最早的潜水艇上和装甲军舰上装上了这种仪表。1909 年美国发明家斯佩里在一艘船上装上了陀螺仪，并申报了专利。1929 年美国科学家多里特应用无线电、陀螺水平仪、航向陀螺仪来控制飞行。在第二次世界大战期间，德国科学家冯·布劳恩把陀螺仪安装到 V-2 导弹上来控制导弹的飞行。美国科学家德雷珀是世界上将陀螺应用于导航的先驱者之一，他提出将自动控制的理论和方法应用于陀螺仪，并率先在麻省理工学院成立了相关博士点，中国科学家两院院士陆元九先生于 1949 年获得该学位点的第一个博士学位。20 世纪 50 年代，美国麻省理工学院研制出达到惯性级精度的液浮陀螺仪，1958 年，美国

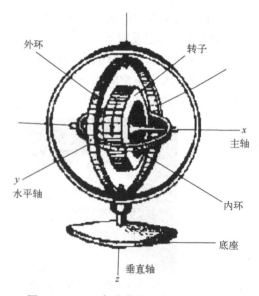

图 4-45　1908 年安休茨研制的陀螺罗经

"舡鱼"号潜艇穿过北极在冰下航行 21 天，行程 1500km，惯性导航得到广泛认可。这个阶段研制的都是机械转子式陀螺仪，依靠转子的高速旋转实现角速度信息测量。

随着 1960 年美国物理学家梅曼研制出第一台红宝石激光器，陀螺仪的研制迅速进入了一个崭新的阶段。1961 年—1962 年，希я和罗森塔尔等人提出了环形激光陀螺的设想，并于 1963 年研制出世界上第一台环形激光陀螺实验装置，如图 4-46a 所示。随后，美国霍尼韦尔公司于 1975 年和 1976 年分别在飞机和战术导弹上试飞成功激光陀螺仪。1989 年，船用激光陀螺惯性导航系统研制成功。1976 年，美国犹他大学的瓦利和肖特希尔首先提出光纤陀螺的设想；1978 年，美国麦道公司研制出第一个实用化光纤陀螺；1980 年，伯格等人制出第一台全光纤陀螺试验样机，如图 4-46b 所示。20 世纪 80 年代中期，干涉型光纤陀螺仪研制成功。光学陀螺仪的发展和应用是惯性导航技术发展史上重要的里程碑。

a）第一台环形激光陀螺实验装置　　　　　　　　b）第一台全光纤陀螺试验样机

图 4-46　光学陀螺仪发展里程中的标志性事件

自 1991 年美国物理学家朱棣文小组首次观察到原子干涉仪的陀螺效应，世界各国就开始大力发展原子陀螺。经过近 30 年的研究，从最初的原理样机验证，到为了满足惯性导航实际需求的工程化技术攻关，原子陀螺取得了长足的发展。原子陀螺分为热原子束陀螺和冷原子团陀螺，相比热原子束，冷原子团具有线宽窄的特点，在高精度测量和小型化系统集成方面更具优势。近年来，随着冷原子团重复装载技术和窄线宽激光稳定技术的发展，冷原子陀螺仪的带宽问题解决了，使得冷原子团陀螺在工程化进程中更进一步。未来的若干年内，随着数据输出带宽、动态范围、环境适应性等一系列工程化难题的逐步解决，原子陀螺工程化样机有可能研制成功，必将成为下一代高精度惯性导航系统的核心部件。

2）卫星导航。卫星导航是指利用导航卫星对用户进行导航定位的系统。人类利用太阳、月球及其他自然天体进行导航的历史已有数千年，基于人造天体进行导航的设想早在 19 世纪后半期就有人提出，但直到 20 世纪 60 年代美国的"子午仪"卫星导航系统才实现了这个设想。

卫星导航的工作原理是：用户依靠无线电设备测出相对卫星的位置，再由地面站测出卫星相对地球的位置，然后可以推算出用户相对地球的位置和速度。卫星导航的优点就是全天候和全球导航能力，且导航精度经过补偿能够达到米级。但是卫星导航需要专用的机载设备和地面设备，还必须精确计算卫星轨道及确保所有卫星的时钟同步，当轨道下降或者设备失效时需要更换卫星，技术实现复杂。

目前，国际上有四大成熟的卫星导航系统，分别为美国的 GPS、俄罗斯的 GLONASS 系统、欧盟的伽利略卫星导航系统以及我国的北斗卫星导航系统。相比其他系统，北斗卫星导航系统具有以下特点：①北斗系统空间段采用三种轨道卫星组成的混合星座，与其他卫星导航系统相比，高轨卫星更多，抗遮挡能力强，尤其低纬度地区性能特点更为明显。②北斗系统提供多个频点的导航信号，能够通过多频信号组合使用等方式提高服务精度。③北斗系统创新融合了导航与通信能力，具有实时导航、快速定位、精确授时、位置报告和短报文通信服务五大功能。北斗系统自 1994 年启动，2000 年完成北斗一号系统建设，2012 年完成北斗二号系统建设，2020 年 7 月 31 日，北斗三号全球卫星导航系统建成暨开通仪式在人民大会堂隆重举行，标志着工程"三步走"发展战略取得决战决胜，我国成为世界上第三个独立拥有全球卫星导航系统的国家。目前，全球已有 120 余个国家和地区使用北斗系统。

（2）状态参数测量与显示　为了完成航空器的飞行任务，航空器一般会搭载多种设备，被称为航空机载设备，包括航空器状态参数的测量与显示设备、飞行控制系统和其他机载设备（导航设备、通信设备、电气设备等）。其中，状态参数用于描述航空器各部分的运行状态，通过各种传感器测量多个直接参数，然后通过机载计算机计算得到相关间接参数，最终显示出来。

从飞机出现后到 1928 年，全世界的飞行员都是凭着自己的一双肉眼，从空中歪头扭脖，目视地面，完全依靠道路山川等地标来判断飞机的位置和状态。1928 年，美国飞行员杜立德担任美国飞行试验中心主任后，决定解决这个问题。他做的第一件事就是购进一架结实可靠的 NY-2 型军用教练机，并经过反复研究，决定在飞机上安装一个航空地平仪和一个陀螺方位仪。航空地平仪用以测量飞机相对于地平线的倾斜角和俯仰角，陀螺方位仪则可以测量出飞机的偏航角。之后，他又请人研制出精度更高的压力表。在这三种仪表逐次试验和改良之后，杜立德认为准备就绪，便在 1929 年 9 月 24 日做了世界上第一次"盖罩"仪表飞行。这次飞行，从起飞到落地，一共花了 15min，是人类有史以来第一次完全依靠仪表来完成的飞行，使航空世界的安全飞行向前迈进了一大步。自此，航空器状态参数测量与显示技术的发展与应用进入了快速发展的轨道。

航空器中的状态参数主要包括飞行参数、发动机参数、导航参数和其他参数（生命保障系统参数、飞行员生理状态参数等），都必须借助航空仪表来实现。航空仪表因而被分为三大类：①飞行仪表，如飞行姿态、航向、高度、速度、风速、风向等；②发动机仪表，可以显示发动机工作状态，如温度、压力、功率、油量等；③辅助仪表，用于指示襟翼位置、起落架位置等。而随着航空器性能的不断提高，驾驶舱内的仪表显示器数量迅速增加，由此会带来操纵不方便的问题。从杜立德试飞之后，人们开始着力研究各种各样的综合仪表，便于飞行员集中观察，电子综合显示器应运而生，成为飞机驾驶舱中一道亮丽的风景。我国自行研制的 C919 大型客机驾驶舱实景图如图 4-47 所示。

3. 航天科技发展中的测量与仪器

对于从发射到运行，再到回收的航天器来说（部分航天器不需要回收），是需要对其全过程进行跟踪、测量和控制的，这就是航天测控网的建设目的。由于地球曲率的影响，以无线电微波传播为基础的测控系统，用一个地点的地面站是不可能实现对航天器进行全航程观测的，需要用分布在不同地点的多个地面站"接力"连接才能完成测控任务。

我国的航天测控网由建在全球各地的路基测控站、远洋测控船只（远望号系列）以及中继卫星（天链系列）构成，其中中继卫星发挥了重要作用，如图 4-48a 所示。可以清楚地看到，由于天线角度的限制，地面测控站只能覆盖到一小部分的卫星，而天链卫星则能覆盖大多数中低轨道卫星。从 2008 年开始，我国陆续发射了天链 01 号～04 号卫星，建立起了中继卫星系统，使我国成为世界上第二个拥有对中低轨道航天器全球覆盖中继卫星系统的国家。而 2018 年鹊桥号中继卫星的发射成功，为着陆在月球背面的嫦娥四号探测器提供地月中继通信支持，如图 4-48b 所示，使得人类历史上首次月球背面软着陆巡视探测的航天器能够将其科学探测结果准确可靠地传输回地球。

图 4-47　我国自行研制的 C919 大型客机驾驶舱实景图

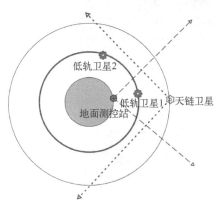

a）天链卫星工作原理示意图

b）鹊桥号中继卫星工作过程示意图

图 4-48　中继卫星在航天测控中发挥的重要作用

通过对航天测控网的简要介绍可以看出，航天测控网基于地基、海基和天基平台，采用多样的检测手段实现对航天器全航程的精确测量与控制，自身就是一个庞大且复杂的测控系统，而这个测控系统又对充满挑战的航天及深空探测任务提供了强有力的支撑。下面就以神舟八号（无人）、神舟九号（三人）与天宫一号的对接为例，以点带面地来理解测量及控制在航天科技发展中起到的重要作用。两次对接的实际效果如图 4-49 所示。

神舟飞船与天宫一号的对接分为捕获、缓冲、拉近和锁紧四个过程。捕获阶段，在两者相距 100km 的时候，利用航天测控网的测量结果，神舟变轨后调整到预定轨道，并开始缩短与天宫一号的距离；在缓冲阶段，神舟和天宫一号距离在 100m 之内，需精确测量两者的距离、速度及姿态，并控制两者的相对速度在 1m/s 之内；在拉近阶段，神舟和天宫一号的距离已经不到 1m，需要精确测量并控制两者之间的相对速度在 0.2m/s 之内，并且横向误差不超过 18cm；最终，神舟和天宫一号实现对接并完成锁紧。神舟九号有人对接和神舟八号无人对接的区别在于对接过程可以人为参与和手动控制，但是必须基于精确的测量结果来操作。

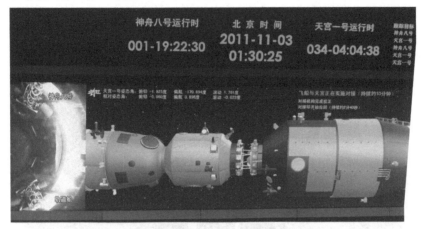

a）2011 年 11 月 3 日，神舟八号与天宫一号对接

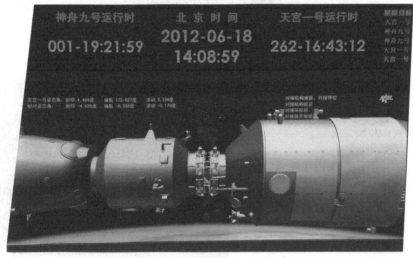

b）2012 年 6 月 18 日，神舟九号与天宫一号对接

图 4-49　神舟八号、神舟九号与天宫一号的对接

4.3　在日常生活中的实际应用

4.3.1　在医疗行业中的应用

医学在人类漫长的文明发展史中处处留下了自己的鲜明印记，世界上各文明古国都有着自己独特的医学发展过程，并且深刻影响了各个国家文明的发展历程。医学发展到今天，临床医学取得今天的成就，仪器的作用功不可没，从发现、诊断，再到治疗疾病，没有仪器助力，我们无法想象人们能否有如此丰富的战胜疾病的手段。

1. 医学发展史及科学性的探讨

纵观医学的发展历史，客观上讲，在中世纪之前主要是依据人的感官去发展医学，通过五官去观察，通过大脑去思考，中医如此，西方医学亦然。中世纪之后，显微镜的出现使得人们能够在微观层面上去观察人体结构，去观测微生物的变化，去推测并证实疾病的起因与发展，西方医学进入了快速发展的轨道。到了 19 世纪末 20 世纪初，随着物理学、化学、生物学等学科与技术的发展，各类医疗仪器如雨后春笋般地涌现，人类认识疾病的角度更加多元和深入，人类治疗疾病的手段更为丰富有力。反观中医的发展，确实很少能看到仪器应用的身影，无论是奠定了中医理论之根的《黄帝内经》，还是扁鹊创立的"望、闻、问、切"诊断方法，再到后来张仲景的辨证论治法则等，都是在人为经验的基础上进行的总结，更偏重于从整体的角度去思考，因此常会因缺乏定量的测量以及在测量基础上严谨的因果逻辑而被认为不科学。但是，人类认识客观世界本身就是不断发展与进步的过程，而且是一个多元化的过程。西医有定量的测量，有针对测量结果与致病原因之间严谨的逻辑与证实，确实从整个过程来看是合理的，但是这只是人类认识疾病的一个角度，而中医的角度不同，并且目前缺乏这样的过程。这个原因是多方面的，有可能是缺乏观测的手段，有可能是切入的角度不对等。但是缺乏这个过程，并不能成为中医不科学的理由。

讲到这个地方，我们可以简单讨论一下科学和不科学的问题，归根结底就是一句话，诞生于西方的现代科学方法是不是就是最科学的方法？诺贝尔化学奖获得者比利时科学家普里高津就对此提出了质疑，他在《从混沌到有序》《从存在到演化》等论著中，精辟地分析了西方近代科学思想发展中的一系列重大问题，得出的结论是：牛顿力学把一切物理和化学现象都归结为"力"，自然界被描述成为一个静态的、沉寂的世界，被过分简单化了，这个不是科学发现的终点。也就是说，现代西方科学方法虽然有过黄金时代，或者目前仍然处于黄金时代，但是由于自身不可避免的局限性，只能以机械论的方法探索客观世界，是不能对以"自组织、有机体"为特征的自然界进行探索的。

进而，普里高津在进行科学思想的研究时，有一个极其重要的发现，就是在中国古代辩证自然观的核心是注重自然界的整体性和有机性，具有自发的自组织的观点，而这与牛顿的机械论的科学思想是属于完全不同的哲学传统。他提到：中国传统的学术思想是着重于研究整体性和自发性，研究协调和谐和。现代科学的发展，近十年物理学和数学的研究，如托姆的突变理论、重整化群、分支点理论等，都更符合中国的哲学思想。因此，他明确提出了自己的观点：我们正朝着新的综合前进，朝着一种新的自然主义前进。也许我们最终能够把西方的传统（带着它对实验和定量描述的强调）与中国的传统（带着它那自发的、自组织的世界观）结合起来。普里高津关于现代科学思想与中国自然哲学思想相结合的观点，是科学史上的一个重大发现。越来越多的西方科学家认识到：在科学发展的漫漫长河中曾出现几次东方智慧的大浪潮，不要忘记我们的灵感多次来自东方，为什么这不会再次发生？伟大的思想很可能有机会悄悄地从东方来到我们这里，我们必须伸开双臂欢迎它。中西方科学思想的融合必将形成未来崭新的科学传统。

这里之所以要对中医和西医的科学性进行讨论，是想给大家一些启发，是希望大家去思考医学发展的内在动力，能够客观理智地去分辨是非。当然，中医和西医都是科学的，仪器在近现代西方医学的发展过程中发挥了重要作用，而现代中医在不断完善的过程中也越来越多地开始借助仪器，这是因为无论中医还是西医，获取信息都是第一位的。医学中应用的仪器种类繁多，分类方法多样，选取医学诊断中的典型仪器和辅助治疗中的典型仪器来进行介绍，也是想借助典型事例，让大家理解仪器的作用，进而能够举一反三地去思考其他类型的仪器是如何发挥重要作用的。

2. 医学诊断仪器的应用

医学诊断仪器是指用于临床诊断的仪器设备。医学诊断仪器主要包括医用电子诊断仪器、医用成像仪器、医用检验仪器以及医用光学仪器等。

（1）医用电子诊断仪器　医用电子诊断仪器主要是采集人体上相关部位的生物电信号，通过对生物电信号的分析，来获取相关部位的健康状况。人体的生物电信号种类很多，心电、脑电、肌电、胃电等等，都可以通过仪器实现检测，其中心电的检测最早实现并应用。

1842年，法国科学家玛蒂西发现青蛙的心脏每次跳动都伴随着电信号，首先发现了心脏的电活动。1872年，缪尔海德记录到了心脏搏动的电信号，但由于信号过于微弱，因此如何在身体表面进行检测仍然是一个难以逾越的困难。1885年，荷兰生理学家埃因托芬利用毛细静电计首次从体表记录到心电波形，之后他进一步改进测量设备，1903年发明了弦线式检流计，研制出能够实用的心电图仪，如图4-50a所示。1903年—1960年，普通心电图仪在医学中得以快速发展和应用，1961年动态心电图仪应用于临床，如图4-50b所示。由于能长时间不间断地记录人日常活动过程中的心电图变化，心脏疾病检测的及时性和有效性大幅提升，从而成为心脏病领域中的一项常规检查，受到了临床医生的高度重视。

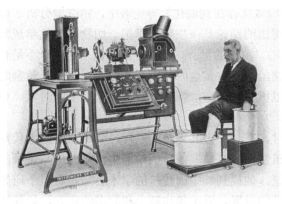

　　　a）埃因托芬研制的心电图仪　　　　　　　　b）最早应用于临床的动态心电图仪

图4-50　心电图仪发展历史中的里程碑事件

（2）医用成像仪器　1895年，德国物理学家伦琴发现X射线之后，就有人尝试将其应用于医学，1897年德国德累斯顿的一家医院安装了第一台X射线机，在诊断骨折位置和探测体内异物方面取得了良好的应用效果，X射线机从而在医学领域得到了重视和推广。但在长期应用过程中，X射线机只能得到前后物体叠加的平面图像的弊端越发凸显，美国医用物理学家科马克敏锐地捕捉到了这个问题的实质，提出利用计算机控制X射线机扫描的方式，实现检测部位的三维成像。1963年科马克提出了由电子计算机操纵的X射线断层照相诊断技术的理论和设计方案，1969年，英国EMI公司的电动机工程师豪斯费尔德根据科马克的设想，研制出了世界上第一台电子计算机X射线断层扫描仪（简称CT），如图4-51所示。两人分享了1979年的诺贝尔生理学或医学奖，CT技术在医学成像仪器发展史上是革命性事件，对神经系统疾病的检测具有重要意义。

a）豪斯费尔德的 CT 原型机　　　　　　　　　b）EMI 公司的第一台 CT 机

图 4-51　早期的计算机 X 射线断层扫描仪

讲到医用成像仪器，必须要介绍核磁共振成像。早在 1946 年，美国物理学家布洛赫和珀塞尔就发现了物质的核磁共振现象，他们也因此获得 1952 年诺贝尔物理学奖。核磁共振成像的原理，简单讲就是物体核磁共振之后，依据所释放的能量在物体内部不同结构环境中不同的衰减，通过外加梯度磁场检测所发射出的电磁波，从而得到构成物体原子核的位置和种类，据此绘制出物体内部的结构图像。

1971 年，美国物理学家达马迪安第一次发现了正常生物组织和肿瘤组织中水的核磁信号的弛豫性质不同，从而为核磁共振应用于医学基础研究和临床诊断奠定了基础。1972 年美国物理学家劳特伯（见图 4-52a）发现，如果在一个均匀的磁场中叠加一个弱的梯度场，并且逐点诱发核磁共振无线电波，就可以得到物体某个截面的一幅二维核磁共振图像。1974 年，他与同事首次实现了活体动物的核磁共振成像，得到了一幅动物的肝脏图像。差不多同时期，英国物理学家曼斯菲尔德（见图 4-52b）也想到了利用梯度磁场实现核磁共振成像的方案，并且提出了一种平面回波成像的原理和设计思想，实现了超高速成像。两位科学家的关键性发现，直接加快了核磁共振成像仪的问世，两位科学家也因为这些杰出的工作，分享了 2003 年的诺贝尔生理学或医学奖。核磁共振成像具有无损伤性和非侵入性的优势，既不需要射线照射，也无须注射放射性同位素，无创而且对病人没有辐射伤害，是医学科学研究和临床诊断的一个重要突破。核磁共振成像通过调节磁场可自由选择所需剖面，能够显示活体组织的精细结构，对于潜伏性疾病的发现，特别是癌症的诊断与治疗具有重要支撑作用。

a）劳特伯　　　　　　　　　　　　　b）曼斯菲尔德

图 4-52　医用核磁共振成像的关键性人物及其成果

（3）医用检验仪器　医用检验仪器是指临床检验时，借助先进的检测技术，对来自离体的血液、尿液、粪便等分泌物或排泄物进行检测，以简便、快速的检测结果，基本满足临床医学检验筛检疾病的要求，主要包括生化分析仪、血细胞分析仪、粪便分析仪等。

生化分析仪为检验医学提供临床生化学、临床血液学、临床免疫学等多方面的检验，用于心肌酶、胆固醇、血脂、肝功、肾功、免疫球蛋白等临床生化指标的检验，为医师在疾病的诊断、治疗、预防中提供重要的科学依据，是医院必备的检测设备。世界上第一台生化分析仪是美国泰克尼康（Technicon）公司于 1957 年根据斯凯格斯教授的设计方案制造的，之后发展十分迅速，出现了单通道、双通道、多通道仪器。1965 年诞生了分立式自动分析仪，是一种敞开式的仪器，样品在彼此分立的反应杯中反应。20 世纪 70 年代，和干化学试剂相配套的反射光分析仪的发展，开辟了生化分析仪的另一分支，提高了准确性、多功能性和分析速度。20 世纪 80 年代初，美国泰克尼康公司为克服样品间的交叉污染，发明了任选式测定方式的仪器，把自动生化分析仪的水平提高到一个新的高度，1989 年德国拜耳（Bayer）公司收购了泰克尼康公司，继续主导全自动生化分析仪的发展。20 世纪 90 年代以来，生化分析仪的技术主要是向完善仪器各种功能的方向发展。我国在 2003 年研制出具有完全自主知识产权的全自动生化分析仪，并开始在国内进行推广应用，打破了国外发达国家对该产品的技术与市场的垄断。国内外典型全自动生化分析仪的实物图如图 4-53 所示。

a）Bayer（原 Technicon）全自动生化分析仪　　　　b）我国第一台全自动生化分析仪

图 4-53　国内外典型全自动生化分析仪的实物图

血细胞分析仪是当前国内外各大医院及实验室所采用的一种进行血液参数分析和实验的重要仪器，问世于 20 世纪 40 年代。最初采用光电法或电容法：光电法基于细胞稀释液对光吸收度不同，采用光敏元件进行血细胞计数；电容法则是根据血细胞通过测量电极时改变极间电容的方法进行脉冲直方图计数。两种方法面临的问题就是灵敏度低和易受干扰，因此限制了其推广应用。到了 20 世纪 50 年代后期，美国发明家库尔特发明了电阻抗法（亦称电阻法），主要利用血细胞的低频不导电特性对红细胞和白细胞进行计数，因其测量准确度高而被广泛应用。20 世纪 70 年代后，库尔特和希森美康公司先后推出可进行白细胞二分群（小细胞群和大细胞群）的仪器，其报告参数也从单一血细胞计数发展到包含平均红细胞体积（MCV）、平均红细胞血红蛋白含量（MCH）等多个综合分析表征量，如图 4-54 所示。自此之后，许多公司相继研制并推出了可进行白细胞三分群（小细胞群、大细胞群和中间细胞群）的血细胞分析仪，可报告的参数增加到十几项。进入 20 世纪 90 年代之后，白细胞分群技术获得长足进步，物理、化学等手段的综合应用使得白细胞从三分类发展到五分类、七分类，甚至是九分类，可报告参数也增加到 20 多项。其中，除主要血细胞参数外，各细胞亚群参数也纳入测量范围并进一步精细化，从而使得血细胞分析仪的报告参数全面增加，能够更加客观全面地反映出测试者的血液状况，为进一步的临床诊疗提供强力支持。

a）第一台细胞计数仪　　　　　　　　　　　　　　b）早期的库尔特细胞分析仪

图 4-54　早期的血细胞分析仪实物图

（4）医用光学仪器　医用光学仪器是基于光学原理实现的医疗仪器，主要包括生物和医用显微镜、医用内窥镜、眼科光学仪器等。

前面讲到，显微镜的出现使得人们的视野能够从宏观延伸到微观，从而可以全面深入地了解到体内的微细结构，近现代西方医学的发展因此日新月异。一方面，一些新方法和技术手段的提升改善了光学显微镜的观测能力，例如荷兰物理学家塞尔尼克于 1935 年提出"相衬法"，是利用光通过透明细胞时的相位变化来实现观测的，有效解决了活细胞或者未染色细胞的观测难题（见图 4-55a），塞尔尼克也因此获得了 1953 年的诺贝尔物理学奖。另一方面，人们在长期的观测中发现，由于原理的局限，光学显微镜的解像能力是无法突破 0.2μm 的极限的，因此必须寻求革命性的改变。1931 年，德国物理学家鲁斯卡研制出人类历史上第一台电子显微镜，利用电子代替光，利用电磁场对电子流的作用代替玻璃透镜的光学作用，突破了光学显微镜的极限（见图 4-55b），许多更细微的胞器、病毒甚至 DNA 分子构造都可以呈现在人们的眼前。德国物理学家宾宁和瑞士物理学家罗雷尔于 1982 年共同研制出扫描隧道显微镜（见图 4-55c），基于量子力学原理并巧妙地运用隧道效应和隧道电流，能够实现精细到单个原子的观测，为人们打开了活体显微观测的大门。三位科学家共同分享了 1986 年的诺贝尔物理学奖。

a）相衬显微镜　　　　　b）透射电子显微镜　　　　　c）扫描隧道显微镜

图 4-55　世界上第一台相衬显微镜、透射电子显微镜及扫描隧道显微镜

从 20 世纪 70 年代兴起，冷冻电子显微技术（冷冻电镜）已经走过了 40 多年的发展历程。通俗地讲，冷冻电镜就是在传统透射电子显微镜的基础上，加上低温传输系统和冷冻防污染系统，但是绝对不是简单的叠加。发展至今，冷冻电镜经历了冷冻制样、单颗粒图像分析和三维重构算法等关键性技术的突破。1974 年，美国生物学家格雷泽首次发现冷冻于低温下的生物样品可在真空的透射电镜内耐受高能电子束辐射并保持高分辨率结构，这个发现掀起了冷冻电镜的神秘面纱。1975 年，英国生物学家亨德森最早应用冷冻电镜和电子晶体学解析出了一个膜蛋白结构，同时为冷冻电镜技术的发展提供了很多关键的远见卓识；1982 年，瑞士生物学家杜波切特发明了将生物样品速冻于玻璃态的冰中的方法和装置，使得冷冻电镜成为实用的技术；20 世纪 90 年代，德国生物学家弗兰克领导课题组发明了单颗粒冷冻电镜重构方法，有效降低了图样中的噪声。结合三维重构与傅里叶变换，可得到蛋白质更为精细的三维结构。后三位科学家也因为"开发冷冻电子显微镜用于溶液中生物分子的高分辨率结构测定"获得了 2017 年的诺贝尔化学奖。冷冻电镜由于能够充分展示分子生命周期全过程，因而将生物化学带入了一个崭新的时代，对医学发展的贡献也是举世公认的。

3. 医学治疗仪器的应用

医学治疗仪器是指具有临床治疗作用的仪器设备，可以分为实现功能辅助和替代的人工器官以及利用物理因子达到治疗目的的仪器设备两大类。前者有人工心脏、人工肺、人工电子耳蜗等，后者有钴-60 治疗仪、体外冲击波碎石机、呼吸机等。下面仅以人工电子耳蜗为例，来体验一下医学治疗仪器的魅力。

19 世纪中叶以来，人们就知道人的听觉中最重要的振动组织是耳蜗基底膜，美国生物学家贝凯西对此进行了深入研究。在研究过程中，他发现声音是以一连串的波形沿基底膜传播，并在膜的不同部位达到最大振幅，低频声波的最大振幅部位接近耳蜗的末梢，高频声波的振幅部位则接近入口或底部，从而确立了"行波学说"，揭开了听觉之谜，他也因此获得了 1961 年的诺贝尔生理学或医学奖。

听觉功能受损一般可以分为两大类型：一类为传导性听力损失，是由于听力系统中传导声音的机械通道受到阻碍或损伤，而使声音引起的机械振动无法达到内耳耳蜗内的毛细胞处所造成的，这类情况一般属于轻度耳聋（根据世界卫生组织（WHO）的标准，其听力损失范围为 26~40dB，正常听力在 25dB 以下）；另一类为神经性听力损失，表现为耳蜗内毛细胞或听神经纤维受损，这类损伤使得声波转换成刺激神经的生物电脉冲的机制受到破坏，使大脑无法收到听神经产生的兴奋，往往会造成重度耳聋（听力损失范围为 71~90dB）甚至是全聋。对于前者，一般借助于助听器对声音信号进行放大，加强声音的机械振动使其到达耳蜗，从而部分恢复听觉功能，但这种方法对后者不适用。但是贝凯西发现听觉之谜后，为后者带来了福音，研究人员开始尝试研制人工电子耳蜗来帮助他们恢复听力。

1957 年，法国学者 A.Djourn 和 C.Eyries 做了一例全聋病人应用电极直接刺激听神经的试验，证实了使用电子装置刺激听觉通路外周部分，是将有用的生理信息传递到听觉中枢的可行方法。这个试验标志着人工电子耳蜗研究的开始，随后的各种相关研究试验，都证明了人工电子耳蜗可以在某种程度上恢复重度耳聋患者和全聋患者的听觉功能，帮助他们提高语言的理解能力。1977 年 12 月 16 日，奥地利维也纳大学医学医院耳鼻喉头颈外科医生 Burian 教授成功植入了世界上第一个多通道人工电子耳蜗，标志着人工电子耳蜗开始进入了临床试验阶段。进入 20 世纪 80 年代，人工电子耳蜗开始商品化，迄今为止，已经在多个国家进行了广泛而成功的应用。人工电子耳蜗结构及实际应用图如图 4-56 所示。

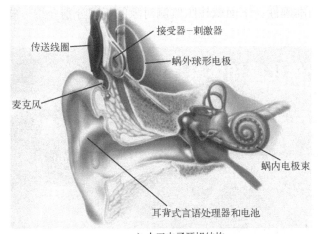
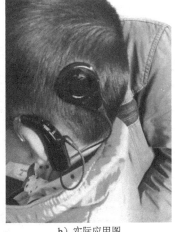

a）人工电子耳蜗结构　　　　　　　　　　　　　　　　　b）实际应用图

图 4-56　人工电子耳蜗结构及实际应用图

总体上讲，人工电子耳蜗是医学治疗仪器当中临床应用相当成功的案例，其治疗效果得到了越来越多病人的证实以及医生的认可。随着科学技术的快速发展，人工心脏、人工电子眼、人工电子鼻、人工肺等人工器官都在研制与发展过程中，而且出现了越来越多的人工器官的可能性，从而为相关疾病的治疗提供了全新的选择，医学治疗仪器仍然存在很大的发展空间，必将为人类医疗健康事业的发展提供强力支撑和保障。

4.3.2　在环境监测中的应用

浩瀚的宇宙中，人类是如此幸运，有蓝色的地球让我们生存，让我们繁衍。但是，随着人口的快速增加，随着人类生产、生活活动的加速，我们自然或不自然地在破坏环境、在过度消耗与污染环境，环境问题已经成为人类面临的重大问题。

环境问题分为两大类：一类是自然因素的破坏和污染引起的，如火山爆发、地震、海啸等引发的自然灾害；另一类是人为因素造成的环境污染和自然与生态环境的破坏，即人类生产、生活活动中产生的各种污染物进入环境，超过了环境的容许极限，从而使环境受到污染和破坏。例如，1952 年造成 5000 余人死亡的伦敦烟雾事件、1984 年造成 2.5 万人直接致死的印度博帕尔毒气泄漏案、1986 年苏联的切尔诺贝利核电站放射性物质泄漏事故等，都造成了重大人员伤亡和严重的、长期的环境污染。无论是哪种原因引起的，环境监测都是第一步的，对于自然破坏，要通过环境监测发现规律，评估破坏状况，力争防患于未然；对于人为破坏，环境监测更是必不可少，只有通过及时准确的环境监测，才能够明确污染来源及破坏程度，才能够有针对性地采取措施从根源上解决环境污染的问题。

随着科学技术手段的提升，环境监测的手段日益丰富，环境监测的平台更加多样，天空地一体化感知体系的建设具备了技术上的可行性，一个典型的天空地一体化感知体系建设示意图如图 4-57 所示。

从图中可以看出，天空地一体化感知体系有如下几个特点：①监测平台是全方位的，涵盖天上的卫星，空中的飞机，地面上固定的、移动的平台以及水中的监测平台，是名副其实的天、空、地一体化；②监测手段是多样的，包括静态的和动态的，常态化的连续监测和突发事件的监测;③监测对象是无死角的,从大气到土壤再到水环境的监测,面面俱到,确保环境监测信息的全面性以及监测结果的准确性。下面就按照监测对象的不同分别介绍一些仪器的重要作用。

图 4-57　天空地一体化感知体系建设示意图

1. 大气环境监测中仪器的应用

人类目前所面临的十大环境问题中,其中有一半直接或间接与大气环境有关。大气环境监测是指为了某种特定目的,对大气环境进行观察、观测和测定的工作,其源头是大气污染的出现,并且随着大气污染问题的加剧而日益受到重视。

大气环境研究的基本手段有外场观测、实验室模拟和数值模拟。其中外场观测是大气环境研究的基础,不仅可以实时地了解大气污染物浓度的时空分布和变化规律,从中找出化学转化机制和相互关系,为模式验证取得现场数据,而且由于大气环境过程复杂,在现场观测的基础上,立体观测结合模式计算能够了解污染物在环境中的分布和变化趋势,进而开展预测和评估。

目前用于大气环境污染监测的技术主要有光学技术、质谱技术和色谱技术等。其中基于光学原理的在线立体监测技术,就是利用光学中的吸收光谱、发射光谱、光的散射以及大气辐射传输等方法来实现大气环境污染的监测,由于具有非接触、无采样、高灵敏度、大范围快速监测、遥感等特点,是国际上环境立体监测技术的主要发展方向之一。图 4-58 给出了痕量气体在紫外线和可见光波段的特征光谱。光谱特征数据库是发展大气环境监测技术的基础,光谱数据分析方法则是成功研发环境监测仪器设备的核心。

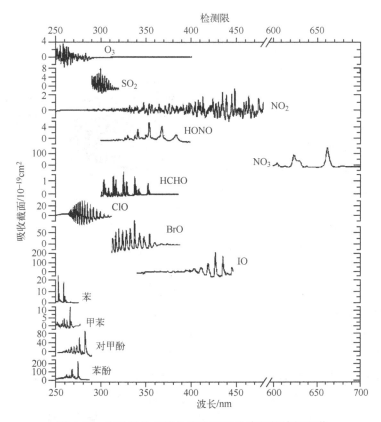

图 4-58　痕量气体在紫外线和可见光波段的特征光谱

自 20 世纪 60 年代激光器发明之后，激光雷达的发展就得到了人们的重视，作为一种主动遥感的先进探测仪器，激光雷达利用激光对大气光学、物理特性、气象参数进行连续的高时空分辨率的精细探测，在探测高度、时空分辨率、长期连续高精度监测等方面具有独特优势，被广泛应用于全球气候预测、气溶胶气候效应等大气科学和环境科学研究领域。除了激光雷达之外，差分光学吸收光谱技术、可调谐半导体激光吸收光谱技术、傅里叶变换红外光谱技术、非分光红外技术等多种光谱分析的方法在大气环境监测中得以广泛应用，显著提升了大气环境监测的质量和水平，其中的代表性仪器设备如图 4-59 所示。

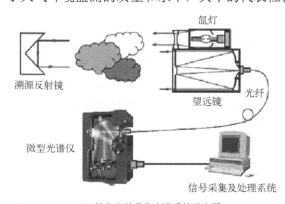

a）差分光学吸收光谱系统示意图

b）我国研制的第一台二氧化碳拉曼激光雷达

图 4-59　大气环境监测的代表性仪器设备

2014 年，我国研制成功一种用于机载、可快速获取区域环境大气污染成分的大气环境成分探测系统，如图 4-60 所示。该系统由大气环境激光雷达、差分吸收光谱仪、多角度偏振辐射计以及主控管理器四个子系统组成，在获取大气气溶胶、云物理特性、大气成分、污染气体、颗粒物等大气成分有效信息上可以相互补充、共同描述大气环境实时状况。这标志着我国在机载大气环境成分探测技术上已经达到了国际先进水平。

图 4-60　我国研制成功的机载大气环境成分探测系统实物图

2. 土壤环境监测中仪器的应用

土壤环境监测是了解土壤环境质量状况的重要措施，是以防治土壤污染危害为目的，对土壤污染程度、发展趋势的动态分析测定，主要包括土壤环境质量的现状调查、区域土壤环境背景值的调查、土壤污染事故调查和污染土壤的动态观测等。

我国的土壤环境监测分析方法标准是伴随着土壤环境质量管理的发展而逐步发展起来的，迄今大致经历了四个阶段。

第一个阶段是起步阶段，从新中国成立初期到 1995 年之前。我国土壤调查和监测工作始于 20 世纪 50 年代，当时的土壤环境监测侧重于对土壤肥力的监测。直到 1973 年 8 月第一次全国环境保护会议召开，才明确提出了要加强对土壤的环境保护。之后，政府和相关部门也将土壤监测重心放在了对土壤环境污染的监测上。为了有效开展土壤环境监测工作，在 1978 年之后，中国科学院南京土壤研究所、原城乡建设环境保护部环境保护局和中国环境监测总站分别组织编写了《土壤理化分析》《环境监测分析方法》和《土壤元素的近代分析方法》，这三本书在一段时期内成为中国土壤环境监测的重要依据。直到 1993 年，中国才发布了首个国家土壤环境监测分析方法标准 GB/T 14550—1993《土壤质量　六六六和滴滴涕的测定　气相色谱法》，该标准的发布开启了中国土壤环境监测方法标准化的历程。

第二个阶段是缓慢发展阶段，是指从 1995 年到 2004 年。基于"六五"和"七五"期间开展的农业土壤背景值调查、全国土壤环境背景值调查、土壤环境容量调查等工作，1995 年 7 月 13 日，中国发布了 GB 15618—1995《土壤环境质量标准》，该标准规定了 8 种重金属和 2 种有机物的标准限值。在标准发布之时，除六六六和滴滴涕的测定可以执行《土壤质量　六六六和滴滴涕的测定　气相色谱法》外，其余 8 种重金属元素均暂时采用《土壤理化分析》《环境监测分析方法》和《土壤元素的近代分析方法》中的方法进行测定。为了配合《土壤环境质量标准》中相关重金属含量的测定，在 1997 年陆续发布了 8 项土壤环境监测方法标准，并在 2003 年更新了六六六和滴滴涕的测定标准，同时出台了 GB/T 14552—2003《水、土中有机磷农药测定　气相色谱法》新标准，所有污染物检测项目都有了相关配套的监测分析方法标准。

第三个阶段是规范化阶段，是从 2005 年到 2013 年。随着工业化、城市化与农业现代化程度的加深，中国土壤污染形势发生了巨大变化，《土壤环境质量标准》在实施过程中暴露的污染物项目少、适用范围小、部分指标限值不合理等诸多问题日益凸显，国家环境保护主管部门启动了对《土壤环境质量标准》的修订工作。然而，基于中国土壤类型多样和土壤污染问题呈现出的区域差异大、污染类型复杂、治理修复难度大等特点，《土壤环境质量标准》修订工作难度大，挑战性强，进展缓慢。因此，为了满足全国土壤污染状况调查工作要求，原环境保护部发布了土壤环境监测分析方法标准 16 项，这些标准严格按照《环境监测　分析方法标准制修订技术导则》的要求编制，在标准的规范性方面有了显著提高。

第四个阶段是高速发展阶段，从 2014 年开始到现在。随着《环境保护法》、"土十条"和《国家环境保护标准"十三五"发展规划》的颁布与实施，国家生态环境主管部门加快了土壤环境保护标准体系的系统构建。2018 年 6 月 22 日，GB 15618—2018《土壤环境质量　农用地土壤污染风险管控标准（试行）》和 GB 36600—2018《土壤环境质量　建设用地土壤污染风险管控标准（试行）》发布实施。前者对 8 个基本项目和 3 个其他项目提出了风险筛选值的控制要求，对 5 种无机污染物提出了风险管制值的控制要求。后者分别对 45 个基本项目和40 个其他项目提出了风险筛选值和管制值的控制要求。为了保证两个土壤环境质量标准的顺利实施，国家生态环境主管部门加快了土壤环境监测分析方法标准的制修订工作，2015 年—2017 年共计发布 26 项土壤环境监测分析方法标准，包括 14 项有机物、9 项无机物、3 项理化性质及其他监测分析方法标准。对于两个土壤环境质量标准中尚未建立国家标准的监测分析方法，国家生态环境主管部门正在陆续制定相关标准，在接下来的几年内将会陆续发布。

通过我国土壤环境质量监测的发展历程可以看到，一方面是国家对土壤环境质量精细化管理认识程度的提高，分别从农业用地和建设用地的角度制定了有针对性的标准，另一方面就是配套监测方法国家标准的陆续出台，确保了土壤环境质量监控的标准化。如果从污染性质的角度进行分类，土壤污染分为放射性污染、生物污染、有机物污染、重金属污染等，下面就以原子吸收光谱分析法为例，来说明其在土壤重金属监测中的应用。

原子吸收光谱分析法的创始人是英国物理学家艾伦·沃尔什，他在 1955 年发表了世界上第一篇原子吸收分析方面的论文。原子吸收光谱分析法是基于待测元素的基态原子蒸气对其特征谱线的吸收，通过分析特征谱线的特征性和谱线被减弱的程度，对待测元素进行定性定量分析的一种方法，该方法已经发展成为实验室的常规方法，能分析 70 多种元素，在环境监测中发挥着重要作用，如图 4-61a 所示。土壤重金属监测是一项持续性的工作，随时都会出现新的问题，因此必须不断探索新方法，让检测手段更加高效和便捷。近几年，国内外出现了多种新型分析方法，包括生物传感器、免疫分析法、X 射线荧光光谱法（见图 4-61b）、激光诱导击穿光谱法等，能够对土壤重金属进行快速分析。

a）艾伦·沃尔什正在做试验　　　　　　　b）现代化的 X 射线荧光光谱仪

图 4-61　土壤重金属监测用到的仪器设备

3．水环境监测中仪器的应用

水环境是指自然界中水的形成、分布和转化所处空间的环境。在地球表面，水体面积约占地球表面积的71%，由海洋水和陆地水组成，分别占总水量的97.28%和2.72%，后者所占总量比例很小，且所处空间的环境十分复杂。水环境主要由地表水环境和地下水环境两部分组成。地表水环境包括河流、湖泊、水库、海洋、池塘、沼泽、冰川等，地下水环境包括泉水、浅层地下水、深层地下水等。水环境是构成环境的基本要素之一，是人类社会赖以生存和发展的重要场所，也是受人类干扰和破坏最严重的领域，水环境的污染和破坏已成为当今世界主要的环境问题之一。

水环境监测是通过适当方法对可能影响水环境质量的代表性指标进行测定，从而确定水体的水质状况及其变化趋势。水环境监测的对象可分为纳污水体水质监测和污染源监测：前者包括地表水（江、河、湖、库、海水）和地下水；后者包括生活污水、医院污水和各种工业废水，有时还包括农业退水、初级雨水和酸性矿山排水等。水环境监测就是以这些未被污染和已受污染的水体为对象，监测影响水体的各种有害物质和因素，以及有关的水文和水文地质参数。通过这个定义可以看到，水环境监测覆盖面广、涉及参数众多，下面仅以我国城市饮用水源为例，来简要介绍一下水环境监测的现状。

进入21世纪以来，全国水环境监测工作不断完善。在监测站网建设方面，国家地表水监测网监测断面从"十二五"期间的972个扩展到"十三五"期间2767个，2018年，国家地表水自动监测站全面联网，地下水监测工程建设完成，共建成层位明确的国家级地下水专业监测点10168个。而在监测管理方面，国家地表水考核断面采测分离，实现"国家考核，国家监测"，进一步保障了地表水监测数据的准确性和真实性。水质信息公开亦有进展，越来越多的地区持续主动公开地表水水质监测结果，公开范围从国考断面，扩展到省级、市级乃至县级断面，从概括描述本地水质状况到完整发布监测数据。《全国集中式生活饮用水源水质监测信息公开方案》的发布，使得集中式饮用水水源地水质信息发布走上有序轨道。为了协助公众了解水质现状，公众环境研究中心开发了蔚蓝城市水质指数，包含了地表水、饮用水水源地及地下水三个指标，能够直观了解全国338个地级市总体水环境质量。

我国水质最优地区主要集中在青藏高原及周边，特别是第一阶梯到第二阶梯过渡地带。平原区污染程度偏高，其中华北平原、东北平原、长江中下游平原和珠三角水质较差，长江流域及以南整体优于长江流域以北。那么，这样的水环境质量结果是需要什么样的监测指标和监测仪器来实现呢？

《全国集中式生活饮用水源水质监测信息公开方案》中明确指出，水质监测包括地表水水源和地下水水源监测。地表水水源监测要参照GB 3838—2002《地表水环境质量标准》，按照其中规定的23个基本项目、5个补充项目和33个优选特定项目进行监测；地下水水源监测则要参照GB/T 14848—2017《地下水质量标准》，按照其中规定的23个项目进行监测；各个地区可以根据当地的实际污染情况，适当增加区域特征污染物的监测。从中可以看到，对于水环境的监测，由于和我们自身的生活密切相关，因此有着严格的标准和制度来进行保障。而具体到相应的监测仪器，则主要还是以理化监测技术为主，包括化学法、电化学法、原子吸收分光光度法、离子选择电极法、离子色谱法、气相色谱法、等离子体发射光谱法等，其中，离子选择电极法以及化学法（重量法、容量滴定法和分光光度法）在国内外水质常规监测中普遍被采用，近年来生物监测、遥感监测技术等也开始被陆续应用到了水质监测中。

4.3.3 在智能交通中的应用

交通是指人、物以及信息的空间移动，但一般是将人和物的移动划分到交通领域，而把信息的传递划分到通信领域。从人类转入定居生活以后，以住地为中心的交通方式开始逐渐发展，马车、轮船、汽车、火车、飞机等运输工具的出现，改变了人们的出行方式、出行速度和出行范围，地球能够从一个"广袤的球"变成一个"地球村"，就是交通方式的发展带来的巨变。一部交通运输史的发展其实就是科学技术发展史的缩影，而科学技术的进步必然推动交通的发展，因此智能交通的出现是现代科学技术发展的必然。

20 世纪 60、70 年代，是西方各国经济发展的黄金时期，80 年代以来，以中国、印度为首的发展中国家经济开始腾飞，但是伴随着经济高速发展带来的负面效应，就是交通状况的不断恶化，尤其是近十多年来，城市化、汽车化速度的加快，交通拥堵、交通事故等问题已经成为世界各国面临的共同问题。而且应当看到，我们面临的交通问题绝对不是简单的城市交通问题，铁路、航空、水运交通等方方面面都面临着严峻的问题和挑战，随着信息化进程的加快，结合信息化技术开展智能交通管理是一条切实可行的发展路线，因此国内外都开始关注智能交通的发展问题。

日本是最早进行智能交通系统研究的国家，20 世纪 70 年代即开始相关研究，1990 年日本学者井口雅一首次提出了智能交通系统（Intelligent Transportation Systems，ITS）这个名词，1994 年，日本交通工程研究会会长越正毅推荐以 ITS 来统一世界范围内的相关研究，在世界范围内被广泛接受和认可。欧盟和美国在智能交通系统的研究和应用上位居世界前列，和日本一起形成了三足鼎立的局面。我国从 20 世纪 70 年代末开始在交通运输和管理中应用电子信息及自动控制技术，80 年代中后期开始了 ITS 的基础研发工作，90 年代开始建设交通指挥控制中心，到了 2000 年，科技部会同国务院相关部门成立了全国智能交通系统协调指导小组及办公室，我国的 ITS 研究与应用进入了快速发展的轨道。

智能交通发展到今天，尚无公认的定义。一方面是因为不同的研究者从不同的角度来研究，对智能交通的认识会有不同；另一方面，智能交通本身正处于快速发展阶段，其内涵与外延都在不断地发展变化之中。普遍意义上讲，ITS 是将信息技术、计算机技术、数据通信技术、传感器技术、电子控制技术、人工智能技术等先进的科学技术，有效地综合运用于交通运输、服务控制和车辆制造，加强车辆、道路、使用者之间的联系，从而形成一种保障安全、提高效率、改善环境、节约能源的综合运输系统。下面从城市交通、铁路交通以及航空交通这三个方面介绍一下仪器的典型应用，使我们感悟到离开了测量和仪器，智能交通也就失去了发展的前提和基础。

1. 城市智能交通中仪器的应用

相信每个在大城市开车的人都体验过交通拥堵的壮观场景，尤其是在北京、上海这样的国际化大都市，城市智能交通系统中的一项重要任务就是治理交通拥堵的难题。交通拥堵状况的实时获取、交通拥堵规律的分析以及行之有效的实时交通管理等都是治理交通拥堵的关键问题，其中交通拥堵状况的实时获取是前提和基础，这就要得益于遍布于城市大街小巷的交通流量测量系统、视频监控系统等，基于这些系统的测量结果，每天都能够见到交通拥堵地图，现在先进的综合导航系统也都会根据实时路况进行路线的调整，这就是智能交通系统的典型发展成果，如图 4-62 所示。

a）蔚为壮观的交通拥堵场景及拥堵地图

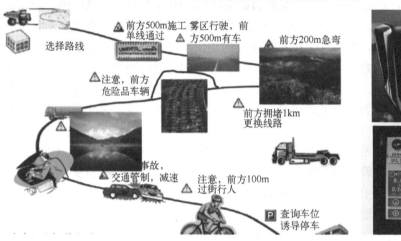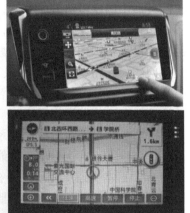

b）智能化的综合导航系统

图 4-62   治理交通拥堵中的测量和仪器应用

　　随着城市停车场规模的急速扩大，智能停车场管理系统的研制与应用已成为城市智能交通管理的热点问题。一个典型的智能停车场管理系统如图 4-63 所示。从入场的车辆识别，到出场收费的管理，再到进入停车场之后合理配置车位等，都需要相应的测量手段，因此这就是一个以精确测量为基础、以科学管理为核心的智能化系统，而且随着科学技术的进步，精确的车型识别以及智能化管理水平仍然有很大的发展空间。

　　无人驾驶汽车则是城市智能交通发展的一个重要发展方向，从 20 世纪 70 年代开始，美国、英国、德国等发达国家就陆续开始进行无人驾驶汽车的研究。最开始是在军用领域进行的，经历了从最开始的遥控，到具备扫雷、排爆功能的半自主平台，再到后来能够参与战争的无人驾驶车辆的发展历程，作战能力得到了实战认可，因而大大激发了世界各国研发民用无人驾驶汽车的热情。到目前为止，无人驾驶汽车的标杆无疑是 Google 公司的产品，如图 4-64a 所示，从中可以看到，为了确保无人驾驶汽车安全可靠行驶，需要配备一系列传感器与测量手段，确保及时感知车辆周边的状况，准确地做出各种反应。据不完全统计，Google 无人驾驶汽车的累积测试里程已达到 274 万 km，其中无人驾驶模式下行驶了 161 万 km，只发生了 11 起轻微的交通事故，没有人员伤亡，且都不是车的责任。Google 据此宣称其无人驾驶汽车有着"与有 15 年驾驶经验的驾驶人相同的经验"的优点。

　　在中国，2011 年国防科技大学自主研制的红旗 HQ3 无人驾驶汽车完成了从长沙到武汉的 286km 高速全程无人驾驶试验。2015 年 12 月 10 日，百度无人车实现了从北京中关村软件园的百度大厦，经 G7 京新高速公路，再上五环路到奥林匹克森林公园，并按原路返回的路试，这是国内首次城市、环路及高速道路混合路况下的全自动无人驾驶，标志着我国无人驾驶汽车进入了新阶段，其汽车设备配置如图 4-64b 所示。

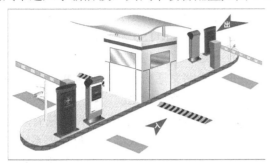

a）出入口管理识别系统　　　　　　　　　　b）停车场内部车位管理系统

图 4-63　智能停车场管理系统示意图

激光雷达
车顶，可360°旋转
物体探测
生产周围三维地图

高精度GPS
车后顶部
卫星定位
定位、导航，精确到米

摄像机
后视镜旁边
识别红绿灯、标识、行人
标识识别+障碍识别

计算机系统/中控
车中部
处理传感器信息
计算+决策+控制

雷达
四个：车前三个+车后一个
感知周围车辆、行人、实物
障碍的发现+距离确定

位置计量器
左后轮
可计量车辆移动的微小距离
测速+定位辅助

a）Google 无人驾驶汽车的设备配置

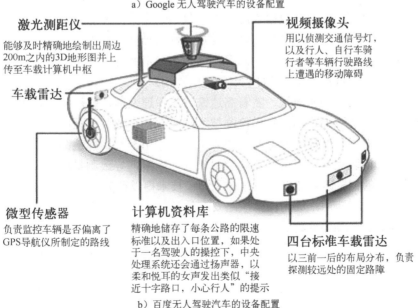

激光测距仪
能够及时精确地绘制出周边
200m之内的3D地形图并上
传至车载计算机中枢

视频摄像头
用以侦测交通信号灯，
以及行人、自行车骑
行者等车辆行驶路线
上遭遇的移动障碍

车载雷达

微型传感器
负责监控车辆是否偏离了
GPS导航仪所制定的路线

计算机资料库
精确地储存了每条公路的限速
标准以及出入口位置，如果处
于一名驾驶人的操控下，中央
处理系统还会通过扬声器，以
柔和悦耳的女声发出类似"接
近十字路口，小心行人"的提示

四台标准车载雷达
以三前一后的布局分布，负责
探测较远处的固定路障

b）百度无人驾驶汽车的设备配置

图 4-64　国内外典型无人驾驶汽车的设备配置概况

国内外公认，无人驾驶汽车的普及具有能够有效降低交通事故、减少私家车保有量、大幅度降低停车场的数量等优势，当然也会带来事故赔偿责任主体、云端攻击、伦理道德等一系列新的问题，因此可以说是机遇和挑战并存，仍然需要持续提升和完善。

2. 铁路智能交通中仪器的应用

铁路是世界上发展中国家的主要交通工具。伴随着高速铁路的迅猛发展，安全高效、经济舒适的铁路交通日益获得大众的青睐。铁路智能交通系统（RITS）是在较完善的轨道交通设施基础上，将道路、车辆、旅客和货物有机结合在一起，利用先进的计算机技术、智能信息处理技术、网络技术、通信技术及控制技术，完成对铁路交通信息的实时采集、传输和分析，协同处理各种铁路交通情况，使铁路运输服务和管理实现智能化。

我国自 20 世纪 80 年代即开始铁路运输系统的信息化基础工程建设。铁路运输管理信息系统、铁路调度指挥管理信息系统以及铁路客票预订和发售系统三大综合信息管理系统已日益完善，并初步实现了各系统间的信息共享。当前，我国铁路智能运输正处于初级向较高级过渡的发展阶段：铁道部于 2000 年年底成立"RITS 体系框架研究"项目，标志着我国对 RITS 体系框架的研究正式起步。到 2020 年，我国将建成 18000km 的 200km/h 的高速铁路网。为引领世界高速列车技术的发展，铁道部与科技部于 2010 年年初联合设立"智慧型高速列车"项目，着力研制下一代智能型高速列车系统。因此，研究并开发适应我国国情的 RITS，已成为我国铁路发展的当务之急。围绕 RITS 中"高安全可靠性、高效率、高服务水平"的建设目标，并结合我国铁路运输现状，可将其细分为智能旅客服务、智能货物运输、智能调度指挥、智能列车运行控制、车辆智能维护、路网智能维护及铁路企业智能管理七个子系统，涉及了列车、基地、车站、铁路局及铁道部等相关单位间的大量信息共享与交换。因此，必须建立相应的数据库和数据仓库，实现分布式海量数据的采集、交换、存储及智能化处理，以确保 RITS 信息的及时交换与流畅运行，我国 RITS 信息流转示意图如图 4-65 所示。

从图中可见，主数据交互中心接收来自各方的数据，而这些数据也就构成了 RITS 管理与决策的基础。仅以图中左边的数据来源为例，包括动态数据和静态数据，动态数据主要是列车运行过程中产生的数据，静态数据则主要是检修和维修过程中的数据，也包括一些线路的静态数据，这些数据的获得全部源于测量仪器设备。下面分别举一个参数测量的例子和一个检测列车的例子，来看看测量在 RITS 中的重要作用。

一个参数就是铁路的钢轨磨耗，随着高速铁路的快速发展，轨道检测技术对于保障高速铁路运输安全的重要性更加迫切。轨道检测技术主要包括轨道几何尺寸检测和钢轨磨耗检测两方面。长期以来对钢轨磨耗的检测都是由人工采用专用卡尺抽样检测，效率低下且无法实现在线动态测量，而且测量中不可避免地会引入人为因素，导致测量精度和可靠性不高。因此，基于机器视觉的钢轨磨耗非接触在线动态测量技术得以研究，如图 4-66 所示，并逐步开始在我国铁路系统得以应用，成为保障铁路安全的有效方法与手段。

一个检测列车就是高速铁路综合检测列车。众所周知，高速列车的平稳安全运行，对轨道、牵引供电、通信、信号等基础设施的技术指标及稳定性要求极高。传统的专项检测装置或检测车通常都是独立工作，获取的信息通常也独立处理和利用，造成信息之间的关联性被忽略，极大地制约了基础设施状态评测的准确性，因此世界各国都在研制专用的综合检测列车，我国也先后研制成功 250km/h 和 350km/h 的综合检测列车，如图 4-67 所示。

0 号高速铁路综合检测列车是 250km/h 等级的检测列车，具有检测项目多、集成度高、检测技术先进等技术特点：

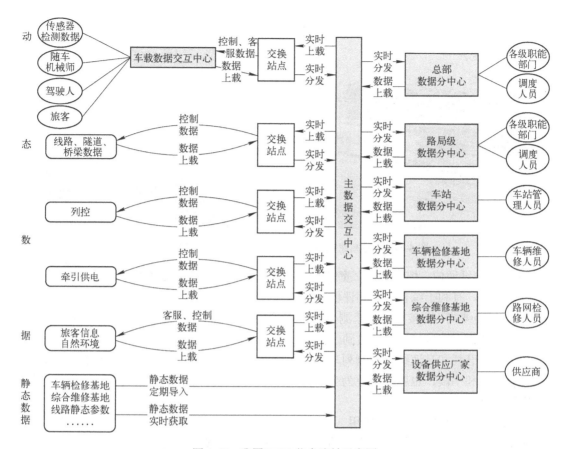

图 4-65　我国 RITS 信息流转示意图

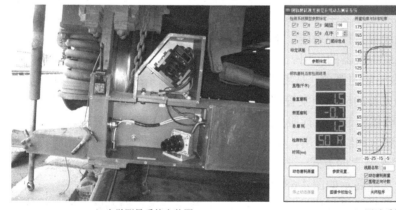

a）光学测量系统安装图

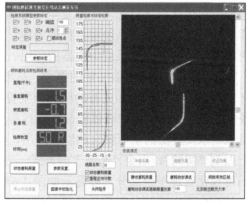

b）测试系统显示界面

图 4-66　钢轨磨耗非接触在线动态测量

1）检测内容包括轮轨力、接触网几何、轨道几何、轴箱、构架及车体加速度、弓网动态作用、接触线磨耗和受流参数、GSM-R 和 450MHz 场强覆盖、应答器信息、车载 ATP[⊖] 工作状态等。

[⊖]　ATP 为 Automatic Train Protection 的简写，即列车自动保护。

图 4-67　0 号高速铁路综合检测列车实物图（250km/h）

2）采用光纤通信、惯性导航、宽带网络等技术，使各检测单元速度、时间、里程位置上保持严格同步，有利于综合分析和评价。

3）集成连续式、非接触式集流测力轮对，毫米级精度的长波长轨道不平顺实时在线检测等技术，推动我国综合检测技术达到了世界一流水平。

通过钢轨磨耗和高速综合检测列车的例子，可以清楚地看到，科学技术的进步提供了更多的测量方法和手段，也就有了更为全面的数据来源，这将为铁路智能交通系统的建设与广泛应用奠定坚实的基础。

3. 航空智能交通中仪器的应用

航空智能交通系统是指运用先进的卫星导航技术、无线通信技术、有线通信技术、信息技术、控制技术、人工智能技术、航空运输技术以及系统工程技术等进行综合集成，实现航空运输航线优化、飞机起降运行安全与可靠、机场作业及客货运输信息服务一体化的安全及可靠、高效的客货运输系统等目标的系统。下面就从智慧机场和空中交通管理两个角度，来举例说明航空智能交通系统中仪器的应用。

"智慧机场"是一个多元化的概念，是集科技创新技术、信息系统高度集成、面向旅客的关怀服务、优化的流程和完善的应急预案管理等于一体的复杂系统，最终目标是打造一个让机场安全高效运行、让旅客体验最佳出行服务的综合机场。"智慧机场"的建设涉及各种软硬件资源，以及资源的全面整合和综合利用，要从基础设施上做到"智慧"，更要在管理上和服务上做到"智慧"，用更"智慧"的方式、方法提高旅客的满意度和舒适度。一个典型的智慧机场可视化管理平台部分功能展示如图 4-68 所示。

从图中可以看到，智慧机场可视化管理平台能够对机场飞行区、航站区、航站楼等关键区域进行全方位三维实景展现，管理者可通过缩放、平移、旋转等操作浏览，直观地掌控机场整体态势，并可对任一区域进行详细查看。此外，还可以以目标机场为中心，展示和该机场相关联的全国航班通航状态。管理平台针对航班运行数据分为实时在飞航班态势与历史航班数据两大主题：实时在飞航班态势可以为保障航班安全运行提供数据保障；历史航班数据情况分析可以帮助提升航线规划效率。除了上述功能之外，管理平台面向机场指控中心大屏环境，支持整合机场现有信息系统的全部数据资源，凭借先进的人机交互方式，达到全面提升机场管理和指挥决策的效率。

a）停机楼三维可视化	b）航班运行态势可视化

图 4-68　智慧机场可视化管理平台的部分功能展示

空中交通管理系统是国家实施空域管理、保障飞行安全、实现航空运输高效有序运行的战略基础设施，它与航空公司、机场等一同组成了现代航空运输体系。根据国家科技发展规划，科技部与民用航空局共同完成了"新一代国家空中交通管理系统"重大项目，并已实际应用，其组成如图 4-69 所示，重点突破了基于性能的航空导航、基于数据链与精确定位的航空综合监视、空管运行协同控制和民航空管信息服务平台四大平台的多项关键技术，促进了我国空中交通管理技术手段和运行模式的深刻变革，有力地推进了我国航空事业的发展。

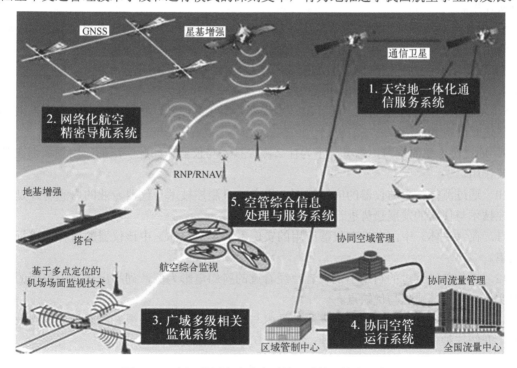

图 4-69　"新一代国家空中交通管理系统"构成示意图

通过智慧机场和空中交通管理系统的简要介绍可以看到，航空智能交通系统的建设与实施必须建立在完备的底层数据获取基础上，这也就凸显了测量与仪器在其中的重要地位和作用，对于更为细节的仪器原理，感兴趣的读者可以查阅专业书籍加以了解。

本章小结

如何理解测控技术与仪器专业的内涵，从实际应用中发现其身影无疑更具有说服力。因此，本章从科学发展、工程技术及日常生活三个方面来展示测控技术与仪器的应用。希望读者可以平心静气地去感悟和体会，在自然科学的发展上、在工程技术的应用中、在身边的日常生活里，测控技术与仪器是无处不在的。进而再去思考测控技术与仪器专业的内涵，只有有了自己的理解之后，才能够在专业学习过程中准确把握知识体系的框架，对于毕业要求和培养目标的达成也才会有更清晰的认识。而所有的这些认识和体会最终会转化为行动，使学生能够合理安排大学阶段的学习，最终实现自己大学阶段的规划和目标。

思考题与习题

1. 除了书中所举例子之外，试再举一例说明仪器科学推动了数学的发展。
2. 以天文学为例，举例说明测控技术与仪器专业在其中发挥的重要作用。
3. 以地球科学为例，举例说明测控技术与仪器专业在其中发挥的重要作用。
4. 以材料领域为例，简要概述其发展历史，并举例说明测控技术与仪器在其发展中起到的重要作用。
5. 以先进制造领域为例，简要概述其发展历史，并举例说明测控技术与仪器在其发展中起到的重要作用。
6. 以食品安全为例，举例说明测控技术与仪器在其中起到的重要作用。
7. 以智能建筑为例，举例说明测控技术与仪器在其中起到的重要作用。
8. 以身边的日常生活为例，设计出一个仪器，简述其原理，并对设计出的仪器未来的应用前景进行分析和展望。
9. 通过对本章的学习，思考一下为什么测控技术与仪器在如此广泛的应用领域都在发挥着重要作用。
10. 通过测控技术与仪器的应用实例，思考一下测控技术与仪器专业的内涵与外延，并对测控技术与仪器的发展趋势进行一下展望。
11. 在《三体》中，有没有仪器应用的实例？并对《三体》中该仪器的可行性进行分析和展望。
12. 以你曾经读过的科幻小说或者曾经看过的科幻电影为例，列举出在其中应用的一个仪器实例，简述其原理与优缺点。
13. 试举出一种仪器，能够代表测控技术与仪器专业，且具备很好的展示度与强大的吸引力，介绍这种仪器的基本工作原理，并用一句话宣传该仪器。

参考文献

[1] 蔡天新. 数学与人类文明[M]. 北京: 商务印书馆, 2012.
[2] 鲁滨逊. 测量的故事[M].《测量的故事》编译组，译. 北京: 中国质检出版社, 2017.

[3] 卡兹. 数学史通论[M]. 李文林, 王丽霞, 译. 北京: 高等教育出版社, 2008.

[4] 李锐夫. 近代数学的发展[J]. 数学教学, 1955(3): 1-6.

[5] 韦金生, 方乃芸. 从数学发展史, 谈数学学习[J]. 大学数学, 1993(12): 51-54.

[6] 纪志刚. 分析算术化的历史回溯[J]. 自然辩证法通讯, 2003, 25(4): 81-86.

[7] 强春晨, 刘兴祥, 岳育英. 圆周率计算方法发展史[J]. 延安大学学报(自然科学版), 2012, 31(2): 42-46.

[8] 王晓硕. 极限概念发展的几个历史阶段[J]. 高等数学研究, 2001, 4(3): 40-43.

[9] 王西辞, 王耀杨. 勾股定理及其相关历史发展: 为了数学教育目的的考察[C]//中国数学会数学史分会, 北京师范大学. 第三届数学史与数学教育国际研讨会论文集. 北京: 中国数学会数学史分会, 2009.

[10] 吴文俊, 刘卓军. 几何问题求解及其现实意义[J]. 数学通报, 1999(8): 1-2.

[11] 黄勇. 张量概念的形成与张量分析的建立[D]. 太原: 山西大学, 2008.

[12] 任辛喜. 偏微分方程理论起源[D]. 西安: 西北大学, 2008.

[13] 利维. 奇妙数学史: 从早期的数字概念到混沌理论[M]. 崔涵, 丁亚琼, 译. 北京: 人民邮电出版社, 2016.

[14] 卡约里. 物理学史[M]. 戴念祖, 译. 桂林: 广西师范大学出版社, 2002.

[15] 伽利雷. 关于两门新科学的对话[M]. 武际可, 译. 北京: 北京大学出版社, 2006.

[16] 牛顿. 自然哲学之数学原理[M]. 王可迪, 译. 北京: 北京大学出版社, 2006.

[17] 周衍勋. 中国古代光学的发展[J]. 陕西师范大学学报(自然科学版), 1977(1): 11-33.

[18] 李醒民. 开尔文勋爵的"两朵乌云"[J]. 物理, 1984, 13(11): 699-700.

[19] 王峰. 引力红移的测量[J]. 物理教学探讨, 2012(8): 66-69.

[20] 霍斯金. 剑桥插图天文学史[M]. 江晓原, 关增建, 钮卫星, 译. 济南: 山东画报出版社, 2003.

[21] 张钟华. 量子计量基准概况及研究进展[J]. 中国测试, 2009, 35(1): 1-8.

[22] 波义耳. 怀疑的化学家[M]. 袁江洋, 译. 北京: 北京大学出版社, 2007.

[23] 刘立. 对"波义耳把化学确立为科学"的再认识: 兼论波义耳与 17 世纪的化学[J]. 自然辩证法通讯, 2001(4): 65-72.

[24] 陈仕丹. 罗伯特·波义耳的微粒论与实验[D]. 北京: 中国科学院大学, 2013.

[25] 拉瓦锡. 化学基础论[M]. 任定成, 译. 北京: 北京大学出版社, 2008.

[26] 何法信. 道尔顿与近代科学原子论[J]. 化学通报, 1998(7): 63-67.

[27] 道尔顿. 化学哲学新体系[M]. 李家玉, 盛根玉, 译. 北京: 北京大学出版社, 2006.

[28] 曾敬民, 赵匡华. 近代化学元素学说的奠立: 纪念拉瓦锡《化学纲要》出版二百周年[J]. 化学通报, 1989(7): 62-65.

[29] 赵光平. 现代原子物理和核物理之父: 卢瑟福[J]. 大学化学, 2000, 15(5): 58-60.

[30] 杨旭东. X 射线与诺贝尔奖[J]. 化学教学, 2001(12): 19-20.

[31] 仝俊. 在炼金术之后: 诺贝尔化学奖获得者 100 年图说[M]. 重庆: 重庆出版社, 2006.

[32] 刘艳. 分析化学发展史[J]. 哈尔滨学院学报, 2001, 22(4): 138-140.

[33] 范瑜. 电气工程概论[M]. 2 版. 北京: 高等教育出版社, 2013.

[34] 辛格. 技术史: 第Ⅴ卷　19 世纪下半叶[M]. 远德玉, 丁云龙, 主译. 上海: 上海科技教育出版社, 2004.

[35] 袁帅, 阎春雨, 毕建刚, 等. 变压器油中溶解气体在线监测装置技术要求与检验方法研究[J]. 电测与仪表, 2012(11): 35-38.

[36] 李红雷, 周方洁, 谈克雄, 等. 用于变压器在线监测的傅立叶红外定量分析[J]. 电力系统自动化, 2005,

29(18): 62-65.

[37] MIKLOS A. Application of acoustic resonators in photo-acoustic trace gas analysis and metrology[J]. Review of Scientific Instruments, 2001, 72(4): 1937-1955.

[38] 龚细秀. 变压器局部放电高频和特高频联合监测法的研究[D]. 北京: 清华大学, 2005.

[39] 赵晓辉, 路秀丽, 杨景刚, 等. 超高频方法在变压器局部放电检测中的应用[J]. 高电压技术, 2007, 33(8): 111-114.

[40] 朱德恒, 严璋, 谈克雄. 电气设备状态监测与故障诊断技术[M]. 北京: 中国电力出版社, 2009.

[41] 汪进锋, 徐晓刚, 李鑫, 等. 光纤传感器在预装式变电站绕组热点温度监测中的应用[J]. 电测与仪表, 2016, 53(21): 110-114.

[42] 刘军成. 电能质量分析方法[M]. 北京: 中国电力出版社, 2011.

[43] 杜根. 电力系统电能质量[M]. 林海雪, 肖湘宁, 译. 北京: 中国电力出版社, 2012.

[44] 刘良明, 刘挺, 刘建强, 等. 卫星海洋遥感导论[M]. 武汉: 武汉大学出版社, 2005.

[45] 蒋兴伟, 林明森. 海洋动力环境卫星基础理论与工程应用[M]. 北京: 海洋出版社, 2014.

[46] 贾永君, 林明森, 张有广. 海洋二号卫星 A 星雷达高度计在海洋防灾减灾中的应用[J]. 卫星应用, 2018(5): 34-39.

[47] 黄磊, 周武, 石立坚, 等. 海洋二号卫星A星海面亮温监测及应用[J]. 卫星应用, 2018(5): 43-47.

[48] 金翔龙. 中国海洋工程与科技发展战略研究: 海洋探测与装备卷[M]. 北京: 海洋出版社, 2014.

[49] 佚名. 详解海洋测量船[J]. 现代军事, 2006(6): 22-27.

[50] 孟庆龙, 李守宏, 孙雅哲, 等. 国内外海洋调查船现状对比分析[J]. 海洋开发与管理, 2017(11): 26-31.

[51] 朱光文. 我国海洋探测技术五十年发展的回顾与展望: 一[J]. 海洋技术, 1999, 18(2): 1-16.

[52] 涂兴佩, 蔡萌. 碧波万顷守望风云: 记山东省海洋仪器仪表研究所研究员王军成[J]. 中国科技奖励, 2016(5): 20-25.

[53] 任玉刚, 刘保华, 丁忠军, 等. 载人潜水器发展现状及趋势[J]. 海洋技术学报, 2018, 37(2): 114-122.

[54] 张同伟, 唐嘉陵, 李正光, 等. 蛟龙号载人潜水器在深海精细地形地貌探测中的应用[J]. 中国科学: 地球科学, 2018, 48(7): 947-955.

[55] 刘思双. 基于 dsPIC 的双频探鱼仪系统设计[D]. 杭州: 杭州电子科技大学, 2013.

[56] 黎静, 谭华. 电子助渔装备网位仪及技术[J]. 水雷战与舰船防护, 2011, 19(1): 6-8.

[57] 昂海松, 董明波, 余雄庆. 航空航天概论[M]. 北京: 科学出版社, 2008.

[58] 翟羽婧, 杨开勇, 潘瑶, 等. 陀螺仪的历史、现状与展望[J]. 飞航导弹, 2018(12): 84-88.

[59] 马永龙. 原子陀螺的研究进展[J]. 光学与光电技术, 2015, 13(3): 89-92.

[60] 周建平. 天宫一号/神舟八号交会对接任务总体评述[J]. 载人航天, 2012, 18(1): 1-5.

[61] 王成. 医疗仪器原理[M]. 上海: 上海交通大学出版社, 2008.

[62] 张庆柱, 张均田. 书写世界现代医学史的巨人们[M]. 北京: 中国协和医科大学出版社, 2006.

[63] 段浩, 陈锋, 顾彪, 等. 血细胞分析技术及其进展研究[J]. 医疗卫生装备, 2014, 35(5): 108-112.

[64] 李欣迎, 李希合, 王静, 等. 生化分析仪的发展现状[J]. 医疗装备, 2012(10): 6-7.

[65] 金朝晖, 李毓, 朱殿兴, 等. 环境监测[M]. 天津: 天津大学出版社, 2007.

[66] 刘文清, 陈臻懿, 刘建国, 等. 我国大气环境立体监测技术及应用[J]. 科学通报, 2016, 61(30): 3196-3207.

[67] 曾凡刚. 大气环境监测[M]. 北京: 化学工业出版社, 2003.

[68]　朱静，雷晶，张虞，等. 关于中国土壤环境监测分析方法标准的思考与建议[J]. 中国环境监测, 2019, 35(2): 1-12.

[69]　殷丽娜，郝桂侠，康杰，等. 我国土壤环境污染现状与监测方法[J]. 价值工程, 2019, 38(8): 173-175.

[70]　朱洪法. 环境保护辞典[M]. 北京: 金盾出版社, 2009.

[71]　马军，沈苏南，诸葛海锦. 全国水环境监测现状及其分析[J]. 中国国情国力, 2019(7): 58-61.

[72]　项小清. 水质监测的监测对象及技术方法综述[J]. 低碳世界, 2013(6): 70-71.

[73]　朱茵，王军利，周彤梅. 智能交通系统导论[M]. 北京: 中国人民公安大学出版社, 2007.

[74]　陈慧岩，熊光明，龚建伟，等. 无人驾驶汽车概论[M]. 北京: 北京理工大学出版社, 2014.

[75]　陈天鹰，刘贺军，胡亚峰. 铁路智能交通系统研究[J]. 铁路通信信号工程技术, 2010(4): 15-21.

[76]　仲崇成，李恒奎，李鹏，等. 高速综合检测列车综述[J]. 中国铁路, 2013(6): 89-93.

[77]　段怡卿. 现代技术在"智慧机场"中的应用[J]. 制造业自动化, 2015, 37(14): 121-122.

[78]　特色小镇网. 智慧机场可视化决策平台[EB/OL]. (2018-01-21)[2020-04-23]. http://www.sohu.com/a/217992752_725934.

[79]　张军. 现代空中交通管理[M]. 北京: 北京航空航天大学出版社, 2005.